校园与少年

Garden and Youth

首都绿化委员会办公室

组编

北京自然观察笔记

中国林业出版社
China Forestry Publishing House

图书在版编目（CIP）数据

花园与少年：北京自然观察笔记 / 首都绿化委员会办公室组编. -- 北京：中国林业出版社, 2024.8.

ISBN 978-7-5219-2872-3

Ⅰ. N49

中国国家版本馆CIP数据核字第2024LU2580号

责任编辑：印　芳　王　全
装帧设计：刘临川

出版发行：中国林业出版社
　　　　　（100009，北京市西城区刘海胡同7号，电话010-83143565）
电子邮箱：cfphzbs@163.com
网　址：https://www.cfph.net
印　刷：河北京平诚乾印刷有限公司
版　次：2024年8月第1版
印　次：2024年8月第1次
开　本：889mm×1194mm　1/20
印　张：11
字　数：260千字
定　价：79.00元

编委会

主　　任　廉国钊
副 主 任　刘 强
联合主编　陈长武
执行主编　孟繁博　方 芳　王 欢　王 旭
参　　编　岳 颖　陈红岩　彭 博　李兆楠　朱晓明　张宇婷　任诗雨　毕晓泉
　　　　　吴 迪　程 明　李聪颖　张 瑜　胡冀宁　张 宇　华 莹　许 超
　　　　　弓传伟

前 言

自然是最美的课堂，观察是最深的学习。自首都绿化委员会办公室发起北京自然观察笔记作品征集活动以来，我们一次又一次见证了孩子们用心描绘自然的真挚画卷。从第一届的初露锋芒，到如今的第五个年头，此项的活动已然成为北京每年不可或缺的一场自然与人文的盛会，也成为孩子们接触自然、表达创意的重要平台。

《花园与少年》是本年度的一次全新尝试。这本书不仅是优秀作品的集结，还融入了动植物大师对部分自然笔记做出的科学讲解，使整本书更加丰富而多元。全书分为两个部分：第一部分科学笔记是科学观察与科学记录，将孩子们优秀的作品作为自然内容载体，用大师的专业画作传递和分享科普知识，让本书成为北京地区科学观察、记录自然笔记的工具书籍；第二部分创意绘画是孩子们的艺术表达，此部分展现了孩子通过创作与自然互动的精彩瞬间。这种科学与艺术的融合，让读者既能感受到自然的真实之美，又能领略到孩子们独特的想象力与创造力。

《花园与少年》也是一次富有诗意的表达。在孩子的眼中，每一朵花都是一个故事，每一片叶都蕴藏着无尽的秘密。而这座城市的每一片绿色，都是孩子们成长的背景，也是他们认知世界的重要起点，孩子们通过观察、描绘、书写，不仅记录了自然的美好，也记录了自己的成长。本书中作品涵盖3~16岁的少年儿童，这个跨度让我们欣喜地看到，学龄前的稚嫩线条与青少年的深刻思考交相辉映。这些作品中，有对生态保护的思考，有对城市绿化的憧憬，也有对微观自然的细腻捕捉，北京就像一座大花园，《花园与少年》中的每一篇作品都体现了孩子们对家园的热爱。

感谢所有参与活动的孩子们，是你们的想象力和创造力让自然更加美好；感谢家长和老师的陪伴，是你们的支持让孩子们拥有接触自然的机会；感谢首都生态文明宣传教育基地与首都园艺驿站及相关工作者的努力，是你们搭建了这个连接自然与少年的桥梁。自然教育的意义，不仅在于传递知识，更在于培养心灵与自然的连接感——而这正是自然观察笔记活动的初衷，也是我们不断推动这项活动的动力。每一届的活动都不仅是上一次活动的延续，更是对城市、对自然、对教育的一次深刻实践。

愿这本书，能够唤醒更多人对自然的热爱，激发更多孩子对生命的探索。在花园的陪伴下，少年们的未来将更加美丽，而我们的城市，也将在这一代代少年的热爱中变得更加和谐与生机勃勃。

让我们翻开这本书，走进花园，走近少年，走向自然。

首都绿化委员会办公室

目 录

科学笔记

学前组
下雨了 011
枫叶 012
4个虫期（七星瓢虫） 014

1~3年级组
银杏自然笔记 017
银杏 018
银杏 020
银杏 021
银杏自然笔记 022
银杏 023
五彩椒自然笔记 024
七彩椒 026
漂亮的凤仙花 027
蓟草观察笔记 028
油松 030
杜仲 032
金银忍冬 033
金银花 034
向日葵 036
向日葵 037
向日葵 040
向日葵 041

种子的传播 042
狗尾巴草 044
观察爬山虎 046
竹子 047
水仙 048
长春花 050
桂花 052
家庭种植自然笔记 054
枇杷观察日记 055
圆叶牵牛 058
活化石·水杉 060
北京初秋时节盛开的花朵 063
北京治理易致敏性植物 064
树叶的面积 065
笨玉米 066
火焰卫矛 067
小红菊 068
薄荷 069
条华蜗牛 070
遇见黑头䴉 071
绿头鸭 072
绿头鸭 073
鹀鹀 074
最会游泳的鸡——白骨顶鸡 075
小欧家的特邀嘉宾——珠颈斑鸠 076

珠颈斑鸠 077
小区里的留鸟 078
会倒立特技的小鸟 079
秋日西山所见 080
斑衣蜡蝉 081
蝉 082
七星瓢虫，人类的朋友 084
蜂 085
柑橘凤蝶 088
蚊 089
岸冰 090

4~6年级组
土豆 093
西瓜 094
玩偶南瓜成长记 096
花生的生命历程 098
山楂 100
柿柿如意 102
桂花 103
秋葵 104
河北假报春 105
自然笔记——红豆与黑豆 106
黄刺玫 109
斑地锦——低调又顽强的野草 110
西山构树 111

银杏	112	
银杏	113	
银杏—鸡爪槭	114	
薄荷	115	
自然笔记——我的向日葵	116	
玩具熊向日葵	117	
自然笔记——向日葵	118	
二月兰	119	
自然观察笔记——凤仙花	120	
凤仙花的一生	122	
凤尾丝兰	124	
紫茉莉的一生	125	
核桃的一生	126	
麻雀花	127	
秋日寻松	128	
坚果百"磕"	129	
冬季部分松柏科植物及其果实	132	
北京常见松树的辨别方法	134	
秋山红叶枫与槭	135	
绿萝成长记	136	
大山雀—乌鸫—大斑啄木鸟—白头鹎	137	
自然笔记——喜鹊	138	
喜鹊——"报喜鸟"	139	
北京雨燕——回家记	140	
北京雨燕	141	
苍鹭——"长脖老等"	142	
苍鹭	143	
"臭美鸟"——戴胜	144	
戴胜自然笔记	145	

珠颈斑鸠	146	
树麻雀	147	
天坛公园的5种啄木鸟	148	
黑水鸡——凌波微步的大脚丫	150	
观鸭记	152	
水蚤	153	
蟋蟀—洋辣子—螳螂—石龙子	154	
黄粉鹿花金龟（雄性）	158	
夏日虫鸣	159	
七星瓢虫的奥秘	160	
岩石的分类	161	

7~9年级组

平凡中绽放绚丽——紫茉莉	163	
水边佳人——水毛茛	164	
自然观察笔记——蝟实	165	
连翘vs迎春	166	
鸡蛋茄生长之旅	167	
国槐与黄腹山雀	168	
金眶鸻—红点颏—崖沙燕	170	
自然笔记——麻雀	172	
黑鸢	174	
珠颈斑鸠	175	
萤火虫	176	
透顶单脉色蟌	177	
小豆长喙天蛾	178	
美国红枫——虫害治理	179	
吃花将军爱唱歌——蝈蝈	180	
丝带凤蝶	182	
自然笔记之"花大姐"观察记	184	

创意绘画

蝉	188	
自然之美和动物	189	
蓝色海洋梦	190	
我眼中的多彩世界	191	
透顶单脉色蟌	192	
孔雀	193	
蝴蝶与花	194	
小蜜蜂大作为	195	
秘密森林	196	
美丽家园	197	
眼中夏天	198	
守护蔚蓝	199	
动物的纹理	200	
蝶	201	
银杏	202	
家园·佳园	203	
美丽的星球	204	
心语	205	
随风去他乡——蒲公英	206	
共生	207	
秋游	208	
美丽家园	210	
相互依存	211	

作品名称索引

科学笔记

学前组

下雨了

下雨了，为什么会下雨？下雨我的感觉是什么？植物、动物有什么变化？

姓名：刘福馨
学校：北京市海淀区凯蒂幼儿园
指导老师：周宇琦
时间：2022年11月2日 雨
地点：西二旗2号院

太阳公公孤单了，想找朋友躲猫猫。水蒸气宝宝悄悄飞上天，水蒸气宝宝太多了，挤成一朵云，太阳公公躲到云朵后。又来了好多灰尘和微陨石小颗粒。天空好冷，我们抱抱，抱成一滴大雨，滴答落下来了！

乌云

看：一条条水晶

听：一会滴滴答，一会哗啦啦

蜗牛：向上爬

摸：流动的

嗅：湿

叶子：干净了，低头了

尝：凉凉的，冰冰的

瓢虫：在小草枝上，飞不起来了

蚂蚁：不出来了

花瓣：掉下了

草：躺倒了

鸟：躲树上

蜘蛛：躲叶子下，网上粘了小水珠

枫叶

姓名：王昊轩
学校：北京市东城区卫生健康委员会第三幼儿园
　　　地坛公园园艺驿站
指导老师：隗佳硕

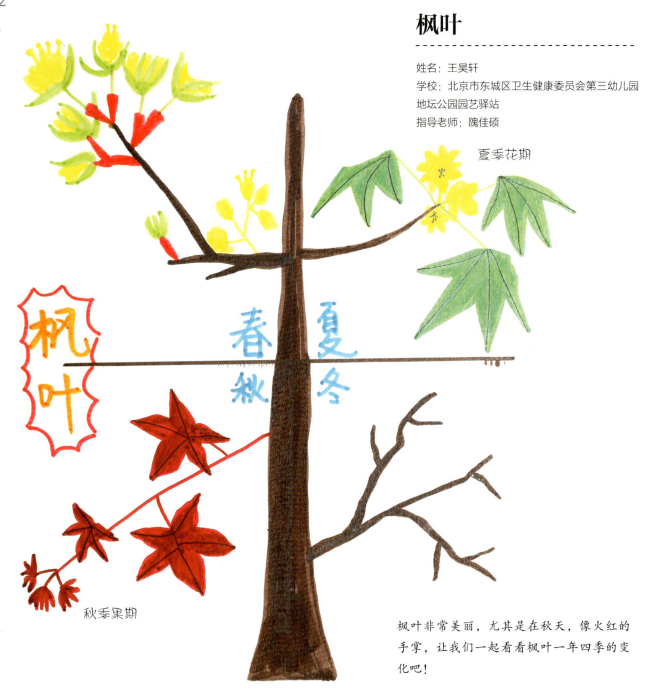

夏季花期

秋季果期

枫叶非常美丽，尤其是在秋天，像火红的手掌，让我们一起看看枫叶一年四季的变化吧！

掌状深裂
（蓖草）

掌状全裂
（大麻）

叶裂类型

叶裂是叶片边缘开裂，是认识叶片的重要参考。

有的叶缘为全缘，有的叶缘具齿或细小缺刻，还有的叶缘缺刻深且大，形成叶片的分裂，即为叶裂。依据缺刻的深浅可将叶裂分为浅裂、深裂和全裂3种类型。

根据排列形式的不同，叶裂又可分为两大类，在中脉两侧呈羽毛状排列的称为羽状裂，而裂片围绕叶基部呈手掌状排列的称为掌状裂。一般对叶裂的描述是综合了以上两种分类方法，例如羽状浅裂、羽状深裂、掌状深裂等。

掌状浅裂
（悬铃木）

倒羽状裂
（蒲公英）

羽状浅裂
（槲树）

羽状深裂
（春羽）

羽状全裂
（飞鸽蓝盆花）

你知道枫叶的叶裂属于哪种类型吗？

4个虫期(七星瓢虫)

姓名:张启航
学校:培基双语幼儿园
指导老师:杨炎

Coccinella septempunctata

孩子在公园见过七星瓢虫。

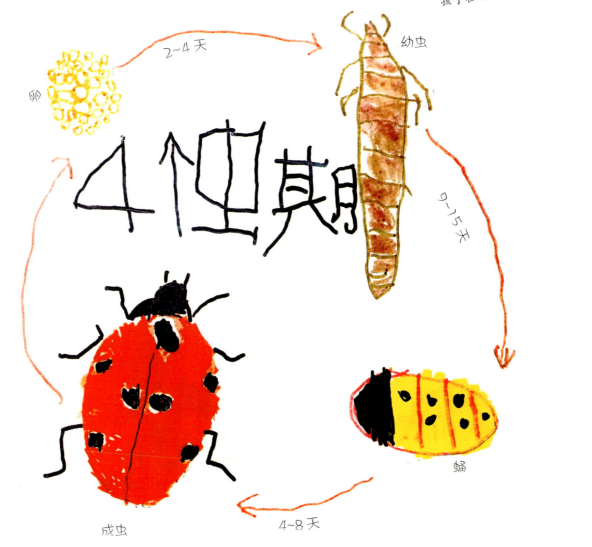

方斑瓢虫
Propylaea quatuordecimpunctata

世界上记录的瓢虫已有 5000 多种。

我国是已知种类最多的国家，记录数为 840 种。

识别它们的最好途径是通过它们身上的斑点，有些瓢虫有 2 个斑点，有的 9 个，有的 12 个，还有些一个也没有。

瓢虫大部分是有益的，它们可以抓蚜虫、介壳虫等害虫吃，也有吃植物的瓢虫。

最常见的有益瓢虫如七星瓢虫、异色瓢虫、龟纹瓢虫等。

1~3年级组

银杏

别名白果、公孙树，落叶高大乔木，是最古老的树种，树干笔直，树冠很饱满，像一排排整齐的士兵。

姓名：冯熙茗
学校：北京石油学院附属小学
指导老师：张晓倩，覃舒婕
时间：2022 年 9 月和 11 月 晴
地点：北京科技大学

叶

夏天翠绿色，秋天金黄色。像一把把小扇子，叶脉放射状，很细密，叶柄细。落在地上就像铺上了一层地毯，踩上去软软的，咯吱咯吱地响。

树枝

长枝螺旋状，一圈圈向上生长，呈辐射状，短枝上一簇簇地挤着金黄色的叶子和白果。

中种皮：白白的、硬硬的，摸起来很光滑。

树皮

一块一块的，纵向的裂纹，摸起来皱巴巴的。

外种皮：秋天的时候是橙色的，摸起来皱巴巴的、软软的，上面有一层白霜，味道很臭。

内种皮：是一层薄膜，淡棕色，一半颜色淡、麻麻的。一半颜色深、滑滑的。

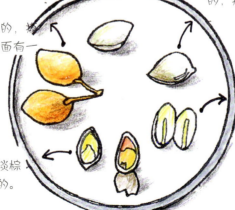

果仁：有黄绿色和淡黄色，可以吃，但多吃会中毒，Q弹Q弹的。生食有毒，可以煮粥、炖肉。也可以用微波炉崩着吃，味道好极了。

银杏的雌球花和种子

银杏是一种古老的植物,是地球上存活最久的树种之一。因为生长慢,常常是"爷爷栽树,孙子才能吃到果实",因此又叫公孙树。银杏雌雄花异株,雌球花生于短枝顶部,珠鳞自叶腋生出。绿色的种子近球形,成熟之后变成黄色。银杏的种仁可以食用,称为"白果",但有微毒,不可多食,也可以入药。种子9~10月成熟。

银杏

姓名：肖芮伊
学校：北京市西城区展览路第一小学
指导老师：魏颖

我生活在美丽的西城区，红墙金瓦配银杏是我对美丽金秋的印象。二年级学了《树之歌》，课文中"银杏水杉活化石"让我去了解到，银杏3亿年前来到地球，是第四纪冰川运动后留下最古老的裸子植物。我开始深入观察银杏。

银杏叶片呈扇形，上缘有浅或深的波状缺刻叶脉与叶片平行，无中脉。3~8片成簇生长，有细长的叶柄，两面淡绿色，光泽、无毛。

观察时间：10月1日 阴有小雨
观察地点：金融街中心广场

银杏树叶秋天变黄

银杏树分雄株和雌株，雌株结白果，白果有臭味儿，表皮有毒，有致敏性，易使皮肤红痒。

观察时间：11月12日
观察地点：北海公园 晴

盐焗银杏是加工熟的白果，美味，但最好不要食用过多，防中毒，10颗以内最佳。

观察时间：10~11月
观察地点：日料店

银杏

植物界的活化石，银杏科银杏属植物。乔木，高达40米，胸径可达4米。

姓名：刘艺
学校：北京市西城区椿树馆小学
指导老师：曾思阳
时间：10月~11月
地点：千灵山

银杏

显微镜下的银杏叶

气孔沉陷，相邻叶脉间可见大型离生分泌道。

枝近轮生，斜上伸展，一年生的长枝淡褐黄色，二年生以上变为灰色。

银杏叶

叶可作药用和制杀虫剂，亦可做肥料，光滑。

银杏自然笔记

银杏，又称为白果，银杏科银杏属的单种落叶乔木植物。4月开花，10月种子成熟。

姓名：林芊羽
学校：北京市西城区椿树馆小学
指导老师：于洋
银杏观察日记
时间：2022年11月20日 阴天
地点：海淀区

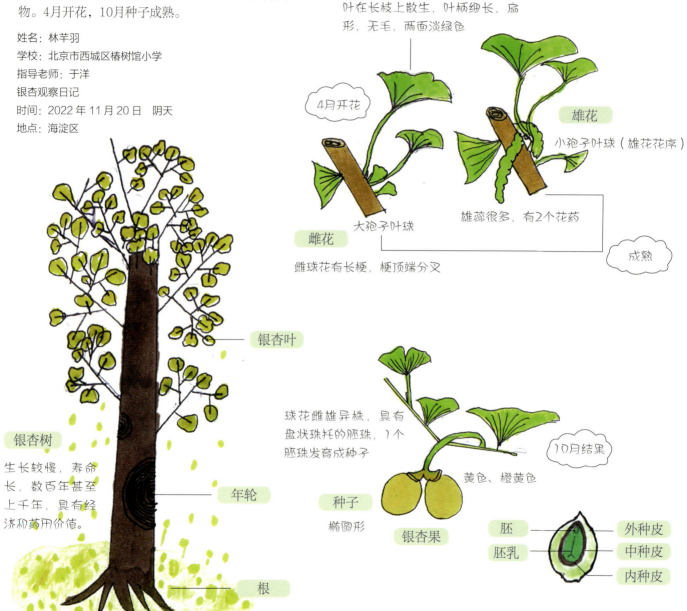

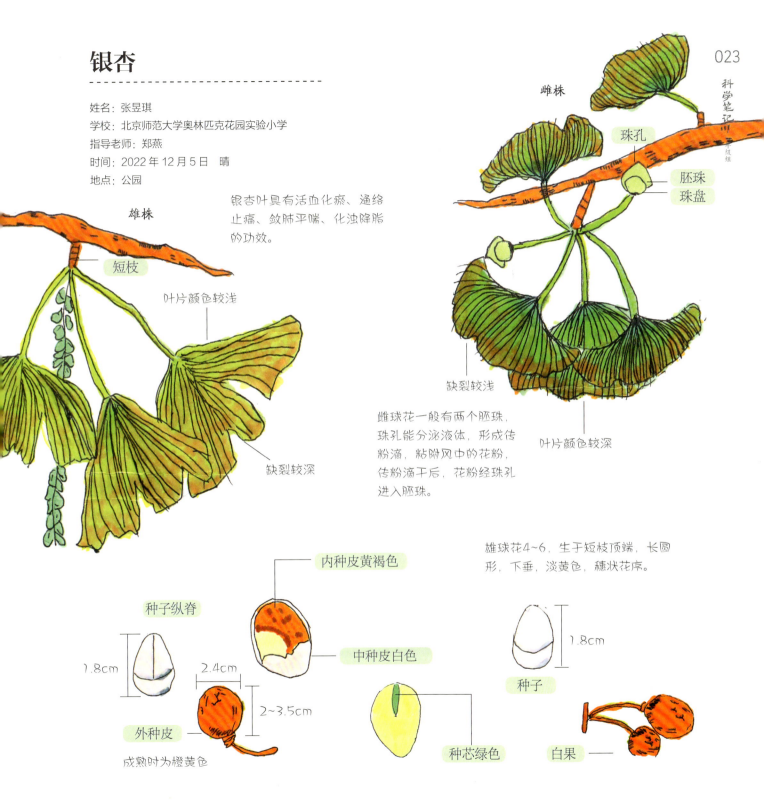

自然笔记 五彩椒

单叶互生，茄科。多年生草本植物。既可观赏，也可食用。

姓名：多兰
学校：北京市朝阳区呼家楼中心小学团结湖分校

从亲手播种到收获，历时6个月。见证了从一颗种子到硕果累累的神奇过程。

种子期
2022年4月3日，我亲手播种五彩椒。

01

收获
2022年10月3日，收获满满一盆五彩椒。

06

发芽期
2022年4月18日，种子发芽了。

02

幼苗期
2022年5月14日，长出了更多叶子。

03

开花期
2022年7月4日，开出了白色的花，开始授粉。

04

结果期
2022年8月14日，经过人工授粉，终于结果了。

05

番茄

马铃薯

茄子

轮状花冠

花冠是一朵花中所有花瓣的总称，由多片花瓣组成，位于花萼的上方或内方，排列成一轮或者多轮。花瓣合生在一起的称为合瓣花，花瓣分离生长的称为离瓣花。轮状花冠是花冠的一种类型。合瓣花冠的裂片平展，呈辐射状排列，花冠筒极短或无。许多茄科植物的花冠都是轮状花冠——"地三鲜"（茄子、马铃薯、辣椒）；此外，番茄，还有作为中药的龙葵和颠茄也是。

辣椒

龙葵

颠茄

七彩椒

科属：茄科辣椒属。
多年生草本植物，常一年生栽培。
特征：果实小巧，多种颜色。
用途：食用、观赏。

姓名：徐睿妍
学校：北京市朝阳区白家庄小学（珑玺校区）
指导老师：王彤
时间：2022年10月16日　多云，17℃
地点：家里的阳台

成熟期的七彩椒还在开花结果，所以我把观察到的以图文形式记录，并将4~5个月的生长过程做个总结。

我的七彩椒只有红色和橙色。查资料得知，果实中含多种色素，受光照影响，到成熟期，叶绿素被破坏，类胡萝卜素和花青苷含量高，所以变红色。

生长过程时间线：
- 9月28日 结果
- 8月7日 开花
- 6月12日 长叶
- 6月3日 发芽
- 5月28日 播种

株高18cm

茎：主茎直立，较坚韧；权状分支，权上又多分支。

叶片：长卵圆形，前端尖，叶边缘平整，叶面光滑，深绿色，稍有光泽。长4~6cm，宽1~3cm，叶脉网状。

花朵：白色，1cm，像小星星。由5片分离的花瓣组成，花瓣等长，披针形，有雄蕊和雌蕊，花药浅紫色。

果实：圆锥形，1~2cm长，朝天生长，成熟后多红色。颜色变化：由绿色变为深棕色，再变成红色。

种子：扁平，短肾型，着在果实胎座上。3~5mm大小，种皮厚实，有粗糙网纹，多为浅黄色。

子叶脱落后的叶痕。

根：上粗下细，主根向下伸长，四周分生侧根。

漂亮的凤仙花

凤仙花是凤仙花科、凤仙花属植物。一年生草本，高60~100cm。茎粗壮，直立，不分支或有分支，基部直径可达8mm，具有多数纤维状根，下部节常膨大。

姓名：赵予诗
学校：首都师范大学附属顺义实验小学
指导老师：赵璐瑶
时间：2022年4月~7月31日 晴
地点：家中

4月17日
两片子叶
子叶圆形，茎暗红色

4月25日
长新叶
叶中间钻出新叶子

4月10日
发芽

· 凤仙花喜光，喜湿润
· 4月最适宜播种
· 6月上旬开花

4月26日~5月25日
不断长叶，长高
叶互生，叶片狭椭圆形，长7cm，宽3cm

7月31日
果实成熟
果实成熟，种皮炸开

种植凤仙花

5月26日
长出水滴状小花苞
2~3朵簇生于叶腋，小水滴形状

7月18日
结果
蒴果宽纺锤形，长10~20mm，两段尖

6月7日
开花
花单片，紫红色，像张开翅膀的紫色蝴蝶

6月3日
含苞待放
花梗2cm，唇瓣根部有个弯钩

我今年参加了北京小学生种植大赛，选择凤仙花进行种植。经过我的精心栽培，凤仙花开出了漂亮的紫色花朵，并收获了种子。我很开心，要把整个凤仙花成长的过程记录下来，和大家分享。

蓟草观察笔记

一般生长在路旁、山坡、田边。还是一种清热解毒、凉血止血的中药。

姓名：徐子力
学校：人大附中翠微学校小学部
指导老师：周宇琦
时间：2022年5~8月 晴
地点：校门口花坛

叶

大叶片集中在植物的基部，像羽毛的形状，叶片上有尖尖的小刺。

根

大蓟的根是块状的，长成一簇，像纺锤。

花

大蓟的花是紫红色的，头状花序，总苞像钟，总苞片像瓦片一样排列。

果实

果序是倒锥状的，冠毛浅褐色，刚毛为羽毛状，可以随风传播。

校门口的野草长得比我还高，紫色的小花在枝头迎风摇曳。我用手机查阅，它竟然是一味中药。我从春天观察到夏天，大蓟也从花苞到长出种子，希望可以把它记录下来，提醒我去仔细观察身边的事物。

科学绘真

烟管蓟
Cirsium pendulum

烟管蓟是多年生草本植物，它的高度更高，1~3米，分布于东北地区及内蒙古、河北、山西、陕西及甘肃等地。作为中药，具有解毒、止血、补虚之功效。常用于疮肿、疟疾、外伤出血、体虚。

丝路蓟
Cirsium arvense

丝路蓟，多年生草本植物，根直伸。茎直立，50~160厘米。在中国它基本上是沿丝绸之路分布的（新疆、甘肃、西藏），又称为田蓟，在欧洲是广布的种类。

刺儿菜
Cirsium arvense var. *integrifolium*

刺儿菜是丝路蓟的一个变种，俗名大蓟、小蓟等，繁殖力极强。在中国，除西藏、云南、广东、广西外，几乎遍布各地。刺儿菜营养丰富，嫩茎叶可食，炒、凉拌、做汤、做馅、晒干、腌制均可。

蓟属植物种类众多，分布广泛，全世界约250~300种，我国有50余种。

油松

别名：短叶松、短叶马尾松、红皮松、东北黑松。
分类地位：植物界裸子植物门松杉纲松杉目松科松属。
中国特有树种，针叶常绿乔木。

姓名：张熙茗雯
学校：北京市东城区和平里第四小学
指导老师：刘春燕
时间：10月29日
地点：地坛公园

松子

是松树的种子，长在成熟的松果里，小鸽子很喜欢吃。

松针

形状像针一样细长，2针一束，粗硬，前面尖尖的，有些扎手。松针变黄后会掉在地上。

树干

挺直，树皮灰褐色，像一片片鱼鳞一样裂开。

松果

是油松的球果，样子像峰塔，外皮裂开后像一片片鱼鳞。

走进地坛公园西门，有一片松树林，一排排的松树好像一把把大伞。走近一看，有几棵松树，树干上面有牌子，牌子上写的树的名字叫"油松"。油松树枝上有很多松果，一些松果掉在地上，几只小鸽子在吃地上的松果。

常见松属球果

松的果实是球果，由许多鳞片一样的结构集合而成，每一个果鳞包有2枚或2枚以上的种子。球果成熟后，鳞片张开，种子就可散落出来。球果成熟前绿色，一般在第一年或第二年成熟，种鳞宿存。如果第二年成熟，其种鳞的鳞盾有点肥厚，不同程度隆起。

油松花期4~5月，球果卵形或圆卵形，长4~9厘米，有短梗，向下弯垂，熟时淡黄色或淡褐黄色，第二年10月成熟，常宿存树上数年之久。雪松的球果成熟前淡绿色，微有白粉，成熟后是红褐色，卵圆形或者宽椭圆形，顶端圆钝，有短梗；中部的种鳞扇状倒三角形；种子近三角状，种翅宽大，比种子长一些。球果当年成熟之后，种鳞、苞鳞和种子会一起脱落。

华山松球果

油松球果

白皮松球果

杜仲

Eucommia ulmoides

姓名：刘坤承
学校：北京市西城区椿树馆小学
指导老师：于洋
时间：2022年11月21日
地点：天坛公园　晴，10℃

纵切面

横切面

3cm
1cm

01 杜仲是我国特产。

02 杜仲的叶子是卵状椭圆形，边缘有锯齿。

03 撕裂叶子，一拉开可看见"叶断丝连"的现象，这是因为叶子里面含有胶丝。

18cm
8cm

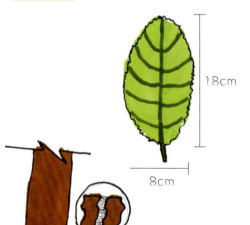

04 树皮含杜仲胶，是一种硬性橡胶。

05 树皮可以入药。

我在天坛公园观察杜仲的叶子和果实撕开里面有胶丝，现象很有趣。所以我记录了下来。

金银忍冬

Lonicera maackii

落叶灌木，喜强光，耐寒。

姓名：许景焱
学校：北京市朝阳外国语学校北苑分校
指导老师：吴媛媛
时间：2022年10月7日下午3点　晴
地点：昌平区天通苑

我画的是金银忍冬（俗名：金银木），叶子胖胖的，果实圆圆的，还有一只太平鸟。

叶：卵圆形，长5~8厘米。

茎

果实：果实暗红色，圆形，直径5~6毫米。

太平鸟

《忍冬花》
（清）陈曾寿
疏篱翠蔓玉交加，雨后清香透幔纱。
独表芳心三月尽，忍冬宜唤忍春花。

春末夏初繁花满树，黄白间杂，芳香四溢；秋后红果满枝头，晶莹剔透，鲜艳夺目，而且挂果期长，经冬不凋，可与白雪相辉映，是一种叶、花、果具美的植物。花期5~6月，果期8~10月。此外，它还具有较高的经济价值：茎皮可制人造棉；花可提取芳香油；种子榨成的油可制肥皂。

金银花

Lonicera japonica

正名：忍冬。藤本植物。"金银花"名出自《本草纲目》。

姓名：刘芊妠
学校：北京市房山区良乡第一小学

花骨朵

果实
球形，蓝黑色。

叶
单叶对生，近卵形，长约4~10厘米。

金银花以花蕾或初开的花入药，有清热解毒的功效。

忍冬的筒状花冠

筒状花冠（又称管状花冠），花冠合生，花冠管细长成细管状，如：忍冬。忍冬作为一种中国广布的半常绿藤本，它的花可入药，由于忍冬花初开为白色，后转为黄色，因此得名金银花。

炮仗花

长筒栀子花

珊瑚苣苔

小知识：如何区分忍冬与金银忍冬？

忍冬（*Lonicera japonica*）

俗名：金银花，可入药。

半常绿藤本（筒状花冠），果圆形，熟时蓝黑色。

金银忍冬（*Lonicera maackii*）

俗名：金银木，经济价值高，园林观赏。

落叶灌木（唇形花冠），果圆形，熟时暗红色。

火烧花

忍冬（金银花）

烟草

向日葵

姓名：赖明曦
学校：北京第二外国语学院附属小学定福分校
指导老师：齐洪华
时间：2022年10月5日　阴
地点：北京温榆河公园自然教育营地山坡上

茎
向日葵的茎呈圆形，直立生长。表面看着是毛茸茸的，用手一摸，有点扎手。

金黄色的花朵，花朵很大，花盘边缘的是舌状花，中间的是管状花。

叶
真叶比较大，叶面有些粗糙，边缘有锯齿。

舌状花

管状花

根
向日葵的根有主根和侧根，主根埋在深土里，侧根强大，密集地分布在土壤的表层。

花盘外缘有2~3层苞叶。

籽
葵花籽，这次观察到的是黑色壳的葵花籽，是油用葵花籽，果实粒小，外壳很薄。

向日葵成熟后，花朵会朝向东方，花盘不再转动。

向日葵的果实为瘦果，大部分果实来自于管状花。

向日葵朝着太阳开放，带给人们美好和希望。共产党是我们心中的太阳，我是追光人，好好学习，天天向上。

向日葵

姓名：李诺言
学校：首都师范大学附属顺义实验小学
指导老师：赵艳坤

管状花

黄色的花变绿，下面的白色部分渐渐膨胀。

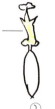
①

②

③

④

⑤

种子

膨胀变得更大，最后还长出了竖条纹。

向日葵是非常有特点的一种植物，总是追着太阳，没有成熟以前可以看花，成熟以后还可以吃果实。果实的成长也很有趣。

舌状花

边缘的花瓣较大。

葵花籽

食用，种子较长，果皮有黑白条纹，果皮较厚。

向日葵的茎

茎秆直立，粗糙，有刚毛。

向日葵叶通常互生，卵状心形或卵圆形，先端锐突或渐尖。

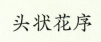

头状花序

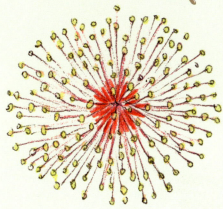

含羞草

向日葵

蒲公英

你知道，还有哪些植物的花是头状花序吗？

植物的花按照一定的排列顺序，密集或稀疏地生长在总花柄上，就形成了花序。花序的总花柄或主轴称为花轴，也称为花序轴。花序下部的叶有的退化，有的很大。花轴的基部生长有苞片。花序的类型繁多，可以归纳为无限花序和有限花序两大类。

无限花序：这种花的开放顺序是化轴基部先开，然后向上依次开放。如果花轴短，花就会密集地生长在一起，形成一个平面或者球面，其开花顺序是先从边缘逐渐开始，然后向中央依次开放。

头状花序属于无限花序中的一种。其特点是花轴极短而膨大，各个苞片的叶常集合成总苞，花没有梗，多数集中生长在一个花托上，犹如头状，例如蒲公英、向日葵等。

毛茛

蒲公英

向日葵

瘦果

向日葵的果实属于干果中的瘦果。果实在成熟之后，果皮坚硬，干燥不易开裂，里面只有一粒种子；果皮与种皮仅有一处相连接，很容易分离开。想一下我们嗑的葵花籽，是不是仅有下部圆形的位置相连呢？

常见的瘦果还有毛茛、蒲公英、铁线莲、荞麦、苍耳等。

铁线莲

荞麦

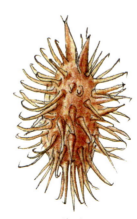
苍耳

向日葵

姓名：甄博雅
学校：北京市朝阳区实验小学老君堂分校
指导老师：乔莉锦
时间：4月21日~8月15日　晴、多云
地点：阳台

什么花像熊娃娃一样可爱呢？期待花开……

播种、发芽

我在给花儿浇水。今天我发现花儿长新叶了，又长出两片新叶。

长叶
马上就要开花啦！

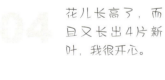

花儿长高了，而且又长出4片新叶，我很开心。

可爱的玩具熊向日葵，又名美丽向日葵。开花啦！每朵花上密布厚厚的黄金色花瓣，圆润饱满，鲜艳夺目。

株高大约30厘米。

菊科向日葵属植物，花形似太阳，花朵亮丽，颜色鲜艳，淳朴自然，喜欢温暖、阳光充足的环境。
播种→发芽→长叶→长花托→开花→结果

向日葵

姓名：翟芮瞳
学校：首都师范大学附属顺义实验小学

通过种植向日葵，我观察到了它的生长过程，播种—发芽—长叶—开花—结果，每个阶段都有着惊人的变化。通过观察，我确切地知道了向日葵随时都是面向太阳，真真正正地向阳而生，我也要像向日葵一样积极向上，向阳而生。

4月10日，我种下了6颗向日葵种子。

4月15日，种子已经破土而出，有的小芽上还顶着瓜子壳。

4月24日，小芽长成了小叶子，4片。

时间过得好快，转眼就到了7月24日，向日葵枯萎了，但是花盘上满满都是瓜子，这就是它的果实，也是它的种子。

5月25日，随着叶子越长越大，花盆装不下6株向日葵了。于是在爸爸的帮助下，我将它们分盆了。

又过了一个月，6月26日，我的向日葵开花了，不知是不是品种不同，几朵花略有不同呢。

种子的传播

姓名：邱天翔
学校：北京第二实验小学
指导老师：尹毓欣

过程记录：① 2022 年 11 月 19 日，门头沟桑峪村徒步 12 千米。② 沿途观察种子的特征及生长环境。③ 收集许多种子，进一步仔细观察并查阅资料。④ 整理并拍照。⑤ 形成观察笔记。

动物传播

忍冬　　　　　酸枣

果实鲜艳、甜美。长在树枝高处。小鸟喜欢吃果子。果实包着坚硬的种子。

苍耳　　　松果　　　橡子

有倒钩，有刺，长在低矮灌木上。　　有坚硬的种皮。

风传播

铁线莲

翅果菊　　　枫树

有绒毛或翅膀，种子很轻，藏在绒毛下面或翅膀里。

弹射传播

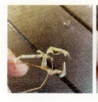   

豆荚

种子小而轻，成熟后会爆裂，种子飞出来。

火焰树

雪松

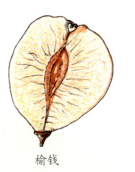
榆钱

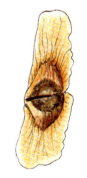
凌霄

种子风力传播

植物的种子有以下4种传播机制：借助风力传播、借助水力传播、主动传播、借助动物传播。有些植物的果实和种子外形小而轻，一般会生长有翅和毛等有利于风力传播的特殊结构。这些翅和毛等结构是由果皮、种皮、花萼、花柱等结构变态与特化而成，如槭、榆等植物的翅果。白头翁果实的宿存羽毛状花柱，蒲公英果实上的降落伞状冠毛，都是由果皮特化而形成。杨树、柳树、木棉等种子外部的绒毛是由种皮特化而来。火焰树种子周围的圆形翅是种皮特化形成的，可借助风力飘到很远的地方。

科学绘真

枫杨

槭树

望天树

河北杨

萝藦

蒲公英

狗尾巴草

姓名：任石涵
学校：北京市房山区良乡第三小学
时间：2022年10月5日 14:00 晴
地点：北京市房山区良乡拱辰星园路边

狗尾巴草很常见，但又很奇特，我很喜欢。

不可思议！ 狗尾巴草竟然是**小米的祖先**！

果实
硬皮里面有种子。麦子、水稻、小米也都有皮。

小紫毛

28cm

4.2cm

1.5cm

根
短，不分叉，靠近根部的茎是紫色的。

穗
先是花，后是果实。果实和小毛一组一组地长。

狗尾草，别名：莠、谷莠子、狗尾巴草。全球分布广泛的一年生草本植物；根为须状。秆直立或基部膝曲，高10~100厘米；叶鞘松弛，叶片扁平，狭披针形或线状披针形；圆锥花序紧密呈圆柱形，刚毛粗糙，通常绿色或褐黄色。

狗尾草极易存活繁衍，主要繁殖方式为种子繁殖，具有很强的生命力，生于海拔4000米以下的荒野、道旁，为旱地作物常见的一种杂草。

狗尾草也是一味中药材。夏、秋采收，晒干，功能主治为：除热，去湿，消肿。治痈肿，疮癣，赤眼。

狗尾草
Setaria viridis

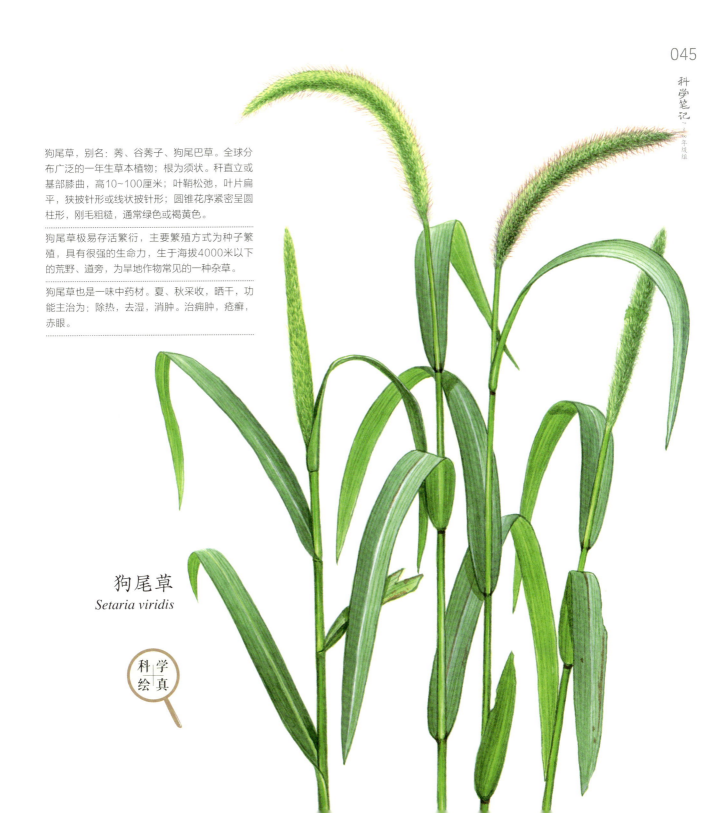

观察爬山虎

姓名：李佳仪
学校：北京石油学院附属小学
指导老师：张晓倩，陈红岩
时间：2022年10月30日　晴
地点：天和人家小区后院

秋天来了，树叶开始变色，而爬山虎的叶子由绿色变成了红色、黄色，甚至还有紫色，所以它吸引了我。

吸盘

爬山虎的"脚"就是吸盘，它很像龙爪，顶部有一个小小的圆形吸盘，能让它往上爬。

五叶地锦（*Parthenocissus quinquefolia*），原产北美，引种栽培常用于城市垂直绿化。我国原产的"爬山虎"学名地锦（*Parthenocissus tricuspidata*）。它们都是木质藤本，具有良好的观赏性。不同的是，地锦的叶片为单叶，通常3裂或不裂；五叶地锦的叶片是掌状复叶，有5片小叶。地锦还是一味中药，记载于《本草纲目》。

枝叶

爬山虎的叶子是倒卵圆形的，有着锯齿形的边缘，查资料我发现它的学名叫地锦。因为我观察的是五叶地锦，是另一种植物，所以它的小叶有5片，叶尖是朝着四面八方的。一片叶子有2种颜色，甚至是3种，似乎找不到一片颜色相同的叶子。

果实

它的果实差不多有黄豆大小，颜色是蓝紫色的，用手摸一摸，软软的，看起来像小号的蓝莓，捏破后有蓝色的汁液。

竹子

竹子一般能活50~60年,最多能活60~100年。禾本科,草本植物。

姓名:崔泽涵
学校:北京石油学院附属小学
指导老师:张晓倩,陈红岩
时间:2022年11月6日 晴
地点:奥林匹克森林公园

我观察到了一棵小小的竹笋,慢慢变成了一棵大竹子。另外我还知道竹子是多年生草本植物,竹子里面是空心的,竹子看着像树木,然而实际是一种"草"。

叶子像一棵柳树上的叶子,也像眉毛。

竹笋

竹子60年才开一次花,开完花即死。

切开的样子。

空心

竹子里面是黄色的。

被砍断后的竹子。

一根竹条

竹竿摸起来很舒服。

空心

水仙

石蒜科多年生草本植物，喜温暖、湿润、排水良好的环境。

姓名：王彦淳
学校：北京师范大学奥林匹克花园实验小学
指导老师：郑蕊
时间：2023年1月10日~2月9日 晴
地点：家中

水仙的生长过程分为6个阶段：
1. 生根：水仙种球在温暖湿润环境中开始生长出根系。
2. 发芽：浇水合理，根系吸收养分供养水仙长出新芽。
3. 长叶：随着水仙逐渐生长，种球会慢慢的膨大，抽出茎叶，不断伸长延伸。
4. 长花苞：水仙的顶部会长出白色的花骨朵。
5. 开花：花骨朵开始盛开，并且散发出阵阵的香味，花葶自叶丛中抽出，高于叶面。
6. 结果：开花后会结小蒴果，由子房发育而来，果熟后由背部开裂。

果实
为小蒴果，蒴果由子房发育而成，熟后由背部开裂。中国水仙为三倍体，不结种实。

花
花序轴由叶丛抽出，绿色，圆筒形，中空；花朵呈伞形，6瓣，直径3~4cm，白色，副冠杯型，鹅黄或鲜黄色，雄蕊6枚，雌蕊1枚，柱头3裂，吸引昆虫传粉。对人类来说为观赏。

叶
水仙叶呈扁平带状，苍绿，先端钝，叶脉平行，成熟叶长30~50cm，宽1~2cm，基部为乳白色鞘状鳞片，无叶柄，制造养分。

球茎
水仙球茎为圆锥形或卵圆形，球茎外被黄褐色纸质薄膜，称球茎皮，贮藏养分。

根
水仙为须根系，由茎盘上长出，乳白色，肉质，圆柱形，无侧根，吸收养分、水分。

长春花

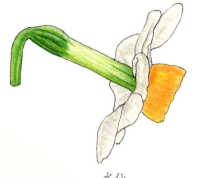

水仙

高脚碟状花冠

花冠下部呈狭圆筒状，上部突呈水平状扩大，5裂。如水仙属植物、长春花等。具有此形态特征的花，往往具有聚伞或伞形花序，或簇生。

水仙（*Narcissus tazetta* subsp. *chinensis*）最有特点的就是它的花瓣和副花冠。浅杯状的副花冠，淡黄色，像一圈展开的裙边，与它同属的黄水仙（*Narcissus pseudonarcissus*）也具有相似的特征。作为传统年宵花，水仙又被称为凌波仙子、玉玲珑、金银台等。每逢春节，水仙抽出花茎，花序有4~8朵花，人们往往把它盛放在瓷器中，花开时清雅幽香，不愧为中国十大名花之一。

茑萝

紫茉莉

夜来香

蓝雪花

长春花

姓名：刘沐崴
学校：北京市第十二中学附属实验小学
指导老师：韩旭，陈红岩

我和妈妈都喜欢养花，养了多肉盆栽、桂花、茉莉、长春花等。入冬了，天气冷了，我要细心呵护这些植物，观察记录它们的特点和习性，让它们顺利开心地过冬。

2022年10月10日 晴
经过11天的等待，长春花种子们终于发芽，一棵棵嫩绿的小芽儿覆盖了黑色的土壤，正努力地向上生长。它们大多只长出第一对真叶，纤细的茎上一对对毛茸茸的叶子在"安家"。

小小的，椭圆形，嫩绿色

黑色，卵形，小小的

2022年9月28日 晴
今天我和妈妈一起种长春花。长春花的种子是黑色的，呈卵形，比蚕籽稍大一些。我用小铁铲把种子放入盛满泥土的花盆里，再将长春花种子盖上土，抚平、浇水。

2022年11月7日 晴
今天，在顶部的叶子中间长出了花苞，有的散开了，还有的在努力让自己破裂。有的正在绽放。小花中间有黄白的，花苞很香。长春花的花朵颜色是玫瑰红，花冠高脚呈碟状，5个小花瓣。每长出一片叶片，叶脉间就长出两朵花，花期很长，花势繁茂，生机勃勃。

2022年10月18日 多云
长春花的根长在泥土里，它的茎秆是嫩绿的，细长挺拔，一片片椭圆形的叶子是深绿色的，叶子里那些细小的茎脉像展开的小手。长春花的茎是棕色的，上面有一粒一粒的东西，摸上去好粗糙，茎却是笔直的。给叶片源源不断地提供着水分。

嫩绿 + 深绿

粉红色，蝴蝶形

长春花
Catharanthus roseus

长春花,夹竹桃科长春花属,亚灌木植物,又名雁来红(广东);日日草、日日新、三万花(广西、广东)。它的花有红、紫、粉、白、黄等多种颜色;花5瓣,也是高脚碟状花冠,因形态像盛开的梅花,花朵繁盛,四季开花,花友们亲切地叫它"四季梅"。无论是在室内盆栽,还是在西南、中南及华东等地露地栽培,都需要温暖的环境,冬季最低温度不能低于10℃。

桂花

桂花是木犀科木犀属植物，常绿灌木或小乔木。

姓名：李佳馨
学校：北京市丰台区西马金润小学
指导老师：孙文九，陈红
时间：10月2日
地点：家里

家中的桂花树又开花了，满室幽香，沁人心脾。由于疫情原因，外出活动减少了，和大自然亲密接触的时间也少了。但因为家中有了它——桂花，让我感觉置身花海。

叶
叶长椭圆形，叶片革质，边缘有细齿，对生。

花
花簇生于叶腋，扫帚状，花冠分为4瓣，形小，颜色多样，有黄、白、红等，香气浓郁。

果实
果实又叫桂子，椭圆形似橄榄，未熟时为绿色，成熟后由绿转紫，可入药，不可直接食用。

桂花也有红的

桂花诗词：宋之问《灵隐寺》
桂子月中落，天香云外飘。

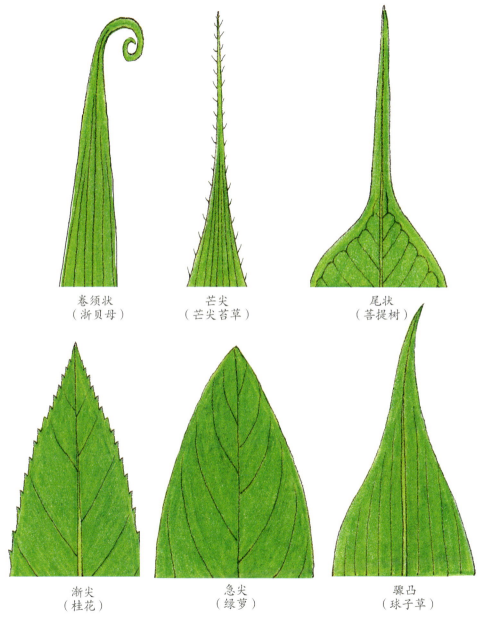

叶尖类型

观察桂花的时候，我们往往被它香甜的气味所吸引，在叶腋下寻找它们小巧的身影，亦或是在唇齿间品尝桂花腌制后甜蜜的点缀。作为中国传统名花，桂花深受中国人的喜爱，常常种植在庭院中，取"玉堂春富贵"之中的"贵"字，象征贵气盈门。

桂花是常绿小乔木或灌木，花期往往在秋季。在未开花的时间里，它油亮的叶片也格外生机勃勃。桂花的叶互生，长圆形或长圆状披针形，长5.5~12厘米，宽1.8~3.2厘米，先端锐尖或渐尖，基部楔形，边缘细波状，革质，上面暗绿色，下面稍淡，两面无毛，羽状脉，中脉及侧脉两面凸起，侧脉每边10~12条，末端近叶缘处弧形连结，细脉网结，两面多少明显，呈蜂窠状；叶柄长0.7~1厘米，鲜时紫红色，略被微柔毛或近无毛，腹面具槽。

植物叶片的形态中，叶序、叶形、叶裂、叶尖、叶基、叶缘等均是观察区分植物的依据。图中渐尖和锐尖的形态就是桂花的叶片特点之一。

家庭种植自然笔记

姓名：韩一杨
学校：北京市第十五中学附属小学
指导老师：刘玉文

3月20日
种下小种子。

3月28日
它们发芽了。

4月10日
渐渐长高了。

5月12日
花骨朵有好几层小叶片包着。

长高的小植物有四季豆、向日葵、牵牛花、小南瓜。

绿色的四季豆长长的。

5月22日，晴
牵牛花的叶片是桃心形的，花朵是紫色的。

5月28日，晴
向日葵的花朵是黄的，中间有很多小花蕊。

枇杷观察日记

姓名：郝钰轩
学校：北京市朝阳区实验小学老君堂分校
指导老师：乔莉锦
时间：2022年10月5日 晴
地点：北京市房山区良乡拱辰星园路边

枇杷很好吃，味道酸甜，果实球形或长圆形。听说枇杷可以长成树，于是我把它埋在了花盆里，精心照料后，哇，长出了一个小苗！妈妈帮我用照片记录了下来。

01 首先将种子放入花盆中，要保持土壤里有充足的水分，然后把它们放在温暖的地方，种子就可以进行养分的吸收了。

02 枇杷的种子在吸收养分以后，就会向土壤下面生根，然后嫩芽从上面长出来，形成幼苗，这就是它的发芽过程。

种子

好几颗小枇杷

长叶

第22天，变身小枇杷苗

生根

种下的第6天，出根啦

发芽

第8天，小枇杷发芽喽

小苗

长出小苗啦

种子的类型

植物的种子主要分为有胚乳种子和无胚乳种子两种类型。

・有胚乳种子

植物的种子在生长成熟之后具有胚乳,称为有胚乳种子。此类种子的胚乳较大,胚相对较小。大多数的单子叶植物和部分双子叶植物中都是有胚乳种子,如小麦、水稻、芍药、蓖麻等。

・无胚乳种子

植物的种子在生长成熟时缺乏胚乳,称为无胚乳种子。此类种子仅有种皮和胚两部分结构。此类种子在发育成熟的过程中,把胚乳中所储藏的营养成分转移到了子叶里面,由此形成了肥厚的子叶,如落花生、各种豆类等种子。

枇杷的种子属于无胚乳种子,双子叶植物。

单子叶植物和双子叶植物种子都具有的结构是种皮和胚。不同点是,单子叶植物子叶1片,有胚乳,营养物质储存在胚乳里;双子叶植物子叶2片,无胚乳,营养物质储存在子叶里。

种子萌发过程

种子萌发过程(单子叶)

种子的萌发与幼苗的发育

种子是植物有性繁殖之后所形成的特殊生命个体，遇到合适的条件之后，种子的内部就会发生一系列的生理变化，胚开始生长发育成幼苗，这个过程称为种子的萌发。

种子萌发必须同时满足外界条件和自身条件，外界条件为一定的水分、适宜的温度和充足的空气；自身条件是有完整而有活力的胚及胚发育所需的营养物质；且种子不在休眠期。

种子从萌发到发育成幼苗的过程比较复杂，干燥的种皮在合适的温度情况下，种皮会吸收大量水分到膨胀的状态，坚硬的种皮逐渐软化，酶的活性增加之后，种子的呼吸作用就会加强，此时的子叶或者胚乳的营养物质就会分解，送往胚的部位，胚细胞在吸收营养之后，开始分裂生长。无论是单子叶植物还是双子叶植物的种子，在萌发时最先突出种皮的都是胚根。胚根和胚芽顶破种皮钻出地面，胚根会继续向下生长形成主根和根系，胚芽继续向上生长形成枝干和茎叶等系统。

种子萌发过程（双子叶）

圆叶牵牛

圆叶牵牛，别名喇叭花、勤娘子，是旋花科番薯属一年生藤本植物，叶片圆心形或宽卵状心形，花冠漏斗状，呈紫色，蓝紫色，紫红色或白色。

姓名：王熙睿
学校：北京市西城区陶然亭小学
指导老师：张晨
时间：2022年6~9月
地点：小区花园、奥森公园

02 发芽

叶子充分接受光照，制造养分，使牵牛花不断生长。

中间的小芽还会长成新的叶子。为了接受更多的光照，叶子会朝着不同的方向生长。

根上长出细小的侧根，它能从土壤获取养分。

01 播种

播种前把种子放进水里浸泡一晚更易萌芽。

邻居爷爷在小区的花园里种了两株牵牛花，我特别喜欢这一朵朵小小的花，每天早晨它们都仰着笑脸送我上学校。在这次创作中，除了我以前对牵牛花"朝开夕败"的了解外，我还了解到圆叶牵牛原产于南美洲，是从明朝开始以药物引入我国种植的。我国常见的品种有牵牛、圆叶牵牛、裂叶牵牛等，在北京最常见的还是圆叶牵牛。妈妈说，他们小时候院子会有"喇叭花"架，美丽极了。牵牛花的花语：积极向上，勤劳努力。我也要像牵牛花一样，迎着太阳，成为一个积极向上的少年。

03 开花

天亮之前，花苞会慢慢绽放。随着太阳升起，花开了！

04 凋谢

到了傍晚，花就会慢慢枯萎。两天后，花朵从基部脱落。

坚硬的种皮
将来长出叶的部分
将来长出根的部分

一株牵牛花多的话能结出200多粒黑色的种子。

05 果实

花朵脱落的地方会鼓起一个圆球，慢慢变成褐色，这就是果实。

漏斗状花冠

裂叶牵牛
Ipomoea hederacea

圆叶牵牛
Ipomoea purpurea

漏斗状花冠是花冠的一种类型。花冠筒呈倒圆锥状，向上至冠檐逐渐扩大成漏斗状。许多旋花科的植物的花朵都是这种形态，如牵牛花、打碗花、空心菜、盒果藤等。

圆叶牵牛和裂叶牵牛都是旋花科牵牛属的一年生缠绕草本，花冠呈漏斗状，故习称喇叭花。颜色有紫红色、红色或白色、蓝色等。

这两种植物如何鉴别？

一看叶片：圆叶牵牛的叶片圆心形或宽卵状心形，而裂叶牵牛的叶片常3裂；二看花萼：裂叶牵牛的花萼呈披针形，长；而圆叶牵牛的花萼呈长椭圆形，短。

活化石·水杉

水杉，裸子植物。科属：柏科水杉属。形态：乔木。树干高、直。树皮灰褐色、褐色。生长环境：喜温暖湿润，冬季有雪不严寒。地理分布：湖北、重庆、湖南。

姓名：张绍宜
学校：北京市第十五中学附属小学
指导老师：刘玉文
时间：2022年10月29日
地点：樱桃沟

小知识

水杉为什么是"活化石"？因为它是珍贵的孑遗植物，早在白垩纪时期就存在于地球了。和它同时期的恐龙早已灭绝。

这幅画想表达的是水杉的形状和特殊性。水杉很高很直。

果实

珠果下垂。球形。成熟前绿色。成熟时深褐色。

叶子

水杉的叶子为条形叶，是由许多片小叶片组成的一个羽毛状的小枝。

观察时正是秋天，水杉叶子的颜色很丰富，有绿的、红的、黄的和棕色的。

单叶，两列对生

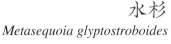

水杉

Metasequoia glyptostroboides

水杉是一种高大的落叶乔木，树干笔直挺拔。高可达35米，胸径可达2.5米。树干基部常膨大；树枝向上斜展，小枝下垂，幼树树冠尖塔形，老树树冠广圆形，枝叶稀疏。水杉的侧生小枝和叶片均对生，叶为单叶，呈扁平、细条状，伸展如梳，春天时青葱翠绿，纤细柔美；秋冬到来，受霜露滋润后，叶片由绿转黄、橙红，渐次呈现不同的色彩。由于叶龄与位置的区别，不同的叶片颜色变化也不同步，使得整个树冠色彩斑斓，犹如油画一般。

单叶

单叶是指每一个茎枝节上只生长一枚叶片。

复叶

复叶是指有2枚至2枚以上分离的叶片，生长在一个总叶柄或总叶轴上，叶柄与叶片之间有明显的关节。叶轴上的许多叶称为小叶，每一个小叶的叶柄称为小叶柄。

水杉的叶子常使许多人分不清是复叶还是单叶，有人以为，水杉的叶子排成一个平面，呈羽状，就是羽状复叶；其实，这是没有搞清楚区分单叶和复叶的关键所在，关键应看叶片基部有无"芽"，如有芽，芽会生发出短枝，短枝上又可有叶，如无芽，则不会从叶腋再出短枝。水杉叶子的叶腋有小芽，有的可生发出新短枝，有的暂未生发出新短枝，但不等于无芽，只是条件尚未合适而已。所以，水杉属于单叶植物。

叶对生

在茎或枝的各个节上相对生长的一对叶。所着生的茎或者枝有较长的节间，两片叶在两侧对着生长，如连香树、丁香、芝麻等。有的两片叶排列生长在茎的两侧，这是两列对生，如水杉。

银杉的球果与种子

水杉的球果与种子

水杉每年2月开花,11月球果成熟。球果带长梗,下垂,近四棱状球形或矩圆状球形,成熟前绿色,熟时深褐色。种鳞木质,通常11~12对,交叉对生,鳞顶扁菱形,中央有一条横槽,能育种鳞有5~9粒种子,种子扁平。

北京初秋时节盛开的花朵

姓名：邓甫西
学校：北京市朝阳区呼家楼中心小学团结湖分校（东校区）
指导老师：李毓茜
时间：2022年10月4日 晴
地点：北京市通州区绿心公园

初秋，天气渐凉，北京还有什么花朵是盛开的呢？我在北京市通州区绿心公园观察到了很多五颜六色的花朵，于是做此自然笔记，记录它们盛开的样子。

北京治理易致敏性植物

姓名：李润桐
学校：北京市西城区西单小学
指导老师：孟丽

我和妈妈都有过敏性鼻炎，每年春秋季都会过敏。北京地区春季致敏的植物主要有悬铃木、桦树和柏树等，秋季致敏的植物主要有豚草、葎草和蒿草等。

近年来，我们欣喜地得知园林局已开始对花粉过敏加强源头控制，避免栽种易致敏植物，真是一个好消息呀！

| 悬铃木 | 桦树 | 柏树 | 豚草 | 葎草 | 蒿草 |

树叶的面积

姓名：车俊希
学校：北京第二实验小学
指导老师：张京兰

我观察了树叶的面积，用数方格的办法，可以估计出树叶的面积，我发现先数满格，再把一半的拼起来就可以了。

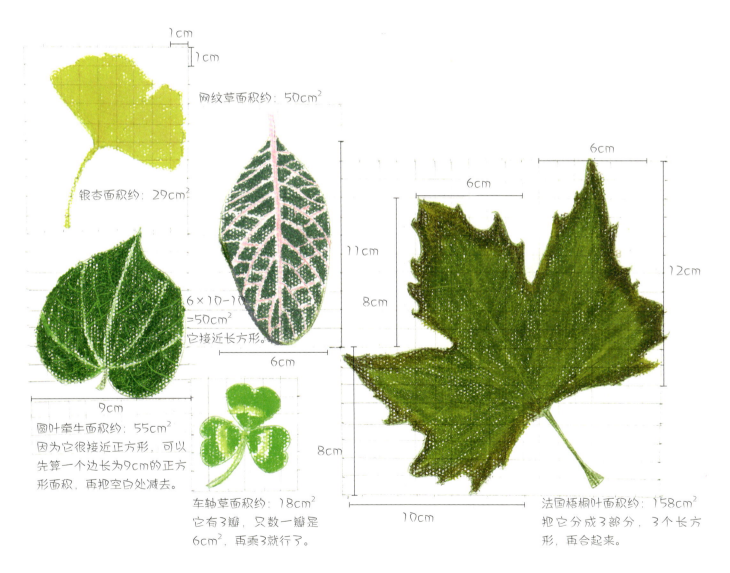

银杏面积约：29cm^2

网纹草面积约：50cm^2
$6×10-10=50cm^2$
它接近长方形。

圆叶牵牛面积约：55cm^2
因为它很接近正方形，可以先算一个边长为9cm的正方形面积，再把空白处减去。

车轴草面积约：18cm^2
它有3瓣，只数一瓣是6cm^2，再乘3就行了。

法国梧桐叶面积约：158cm^2
把它分成3部分，3个长方形，再合起来。

笨玉米

姓名： 王乔布
学校： 北京市海淀区清华东路小学
指导老师： 王伟
时间： 2022年8月
地点： 北京通州区武辛庄村农田

玉米别名玉蜀黍，是不是很像"玉叔叔"？它可不是冒充长辈，而是真的前辈。1492年（530年前），哥伦布发现美洲大陆时发现了它。当时除了印第安人，没有人知道玉米这种植物！当时他们一定很激动，尝一口一定觉得很好吃！玉米的品种很多：白玉米、糯玉米、黑玉米、高油玉米……而我种的是北京的笨玉米，不甜也不黏，是晒干磨成玉米面用的，只有玉米原本的香味。笨玉米就像一个质朴的笨小孩，实实在在。

今年夏天，我有机会去农田里亲手种玉米，正好可以观察玉米从播种到收获的全过程。我通过亲身劳动去观察学习，收获到的不止知识，还有一大堆玉米。

火焰卫矛

落叶小灌木，株高1.5~3m，耐寒，适应性强，耐修剪，适合做彩色树篱。

姓名：范学习
学校：北京工业大学附属中学新升分校
指导老师：姚跃冬
时间：2022年10月2日
地点：北京市海淀公园

Euonymus alatus 'Compacta'

秋天是一个多彩的季节，趁着"十一"假期，我和妹妹在美丽的海淀公园收集到了金黄色的银杏叶、多变的枫叶、深绿的水杉叶、火红的火焰卫矛叶。其中火焰卫矛是我最喜欢的，让我们一起认识一下它吧！

夏季叶片为深绿色

秋季叶片为鲜红色

果实为红色

卵形叶

叶片单叶对生，卵圆形，有锯齿

小红菊

姓名：宋珮瑜
学校：北京市房山区良乡第三小学
时间：10月4日　晴
地点：坡峰岭

先查资料，再观察，然后粘贴，最后写文字。

01
种类：小红菊。
生长环境：山坡林中。

02
舌状花数量：11、13。
舌状花颜色：白、粉、紫。
管状花颜色：黄、土黄。

03
花叶形状：枫叶状。弧形、有大有小。
茎秆上有小毛刺。

04
小红菊喜欢和许多杂草长在一起，长在山坡林中。是秋天的一道风景。

薄荷

姓名：陈孝柏
学校：北京市朝阳区白家庄小学（珑玺校区）

条华蜗牛

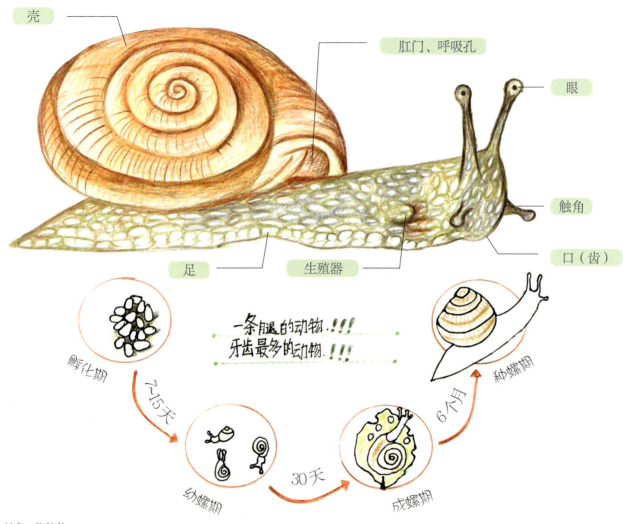

姓名：张歆艺
学校：北京市樱花园实验学校
指导老师：周宇琦
时间：2022年7月24日 雨后傍晚
地点：安定门滨河公园灌木丛下

我观察到蜗牛的躯体包括眼、口、足、壳、触角等部分。蜗牛喜欢在阴暗、潮湿、疏松、多腐殖质的环境中生活，昼伏夜出，最怕阳光直射。

遇见黑头䴓

姓名：苏航
指导老师：张晓倩，覃舒婕
时间：2022 年 9 月 11 日 晴
地点：国家植物园北园

黑头䴓（shī）的嘴又尖又长，可以抠出树干中的害虫，美餐一顿。

鸣叫
声音有时沙哑，有时像笛声。

外貌
黑头䴓个头和麻雀差不多。有一条黑色纹穿过眼睛。头顶黑色，脸部白色。身体上部灰色，肚皮部分褐色。脚灰色。

黑头䴓的脚有 4 个脚趾，3 个在前，1 个在后，可紧紧抓住树干。它们可以头向下沿着树干爬，捕食树干中的害虫。

栖息环境
绿头鸭主要栖息于水生植物丰富的湖泊、河流、池塘、沼泽等水域中；冬季和迁徙期间也出现于开阔的湖泊、水库、江河、沙洲和海岸附近的沼泽和草地。

习性
除繁殖期外，常成群活动，特别是迁徙和越冬期间，常集成数十、数百甚至上千只的大群。活动时常发出"ga-ga-ga"的叫声。

绿头鸭

中文名：绿头鸭
别名：青边、大麻鸭
分类地位：动物界脊索动物门鸟纲雁形目鸭科鸭属

姓名：周文雅
学校：北京市东城区和平里第四小学
指导老师：周宏丽
时间：8月2日 晴
地点：公园

食性
绿头鸭系杂食性，主要以野生植物的叶、芽、茎、种子以及水藻等植物性食物为食，也吃软体动物、甲壳类、水生昆虫等动物性食物。

部位标注：眼睛、鼻孔、喙、下巴、颈前部、耳、颈、肩胛、胸脯、腹部、尾、胫、足

我在做绿头鸭自然笔记前，观察到公园湖面上的绿头鸭很多，还有很多人给绿头鸭喂食*。我还听说许多家鸭都是绿头鸭的后代，就想对绿头鸭做一番研究。做自然笔记时，我一边观察我在公园拍的绿头鸭照片，一边在网上查找资料。最后，我要提醒大家："拒绝野味，关爱野生动物"。

---
*投喂野生动物是非常不妥的！

绿头鸭

绿头鸭，雁形目鸭科鸭属动物，分布于欧洲、亚洲和美洲北部温带水域。绿头鸭属于游禽。

姓名：于依琳
学校：北京市东城区和平里第四小学
指导老师：周宏丽
时间：10月23日 星期日 晴
地点：后海

几乎每个周末，我都会和妈妈去公园喂鸭子*，看到一只只绿头鸭争抢食物，我的心里特别开心。现代的家鸭就是从绿头鸭驯化而来。绿头鸭现在是我国"三有"野生动物**，保护野生动物，人人有责！

绿头鸭（雄性）

雄性鸭嘴黄绿色，脚橙黄色，头颈绿色，具辉亮的金属光泽，颈部有一明显的白色领环；上体黑褐色，腰和尾上覆羽黑色，两对中央尾羽亦为黑色，外侧为羽白色。

绿头鸭（雌性）

雌鸭黑褐色，嘴暗棕黄色，脚橙黄色，翼镜紫黄色。

---

* 投喂野生动物不可取！会破坏其自然觅食本能，影响生存能力和健康，传播疾病，污染环境等，呼吁大家停止投喂，文明观鸟。
** "三有野生动物"是指有重要生态、科学、社会价值的陆生野生动物。

074 鸊鷉

姓名：梁玉涵
学校：北京市宣武回民小学
指导老师：常冬燕
时间：2020 年 11 月～2021 年 4 月
地点：潮白河

鸊(pì)鷉(tī)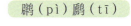
它羽毛松软如丝，嘴细直而尖；翅短圆，尾羽均为短小绒。体长 25~29 厘米。

嘴尖

鸊鷉翅膀短，能飞不擅飞，因而不是迫不得已的话，它很少起飞；突然受到惊吓时可以跃离水面起飞，但飞得很低，几乎贴着水面。因其在水上奔跑速度极快，所以它有一个有趣的名字叫"涡轮增鸭"（时速能达到每小时40公里）。

只吃肉

它吃小鱼、虾、昆虫等为主。繁殖于淡水湖泊，在水面以枝叶等筑浮起巢，每窝产卵6~7枚。它吃鱼先吃头，吃虾先吃尾。

瓣蹼足
它的脚位于体的后部，跗骨侧扁，前趾各具瓣状蹼。

2020 年 11 月～2021 年 4 月在北京市顺义区潮白河地区，因为妈妈在那里工作，看见了可爱的鸊鷉在冰上行走，在融化的湖里游泳、浅水捕鱼。

最会游泳的鸡——白骨顶鸡

姓名：宋梓晗
学校：北京市东城区史家七条小学
指导老师：赵怀瑾
时间：2022 年 6 月 16 日　晴
地点：圆明园公园

看，水边有只奇怪的动物，鸭子大小，全身灰黑色；但鸭子的嘴是扁的、黄色的，它的嘴像鸡，尖尖的，头顶和嘴都是白色的，脖子没有鸭子那么长。脚也不一样，鸭子的脚趾间有脚蹼，它却没有，更像是鸡的脚。

摄于圆明园

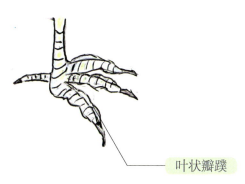

非常幸运地是，我还见到了几只刚出生不久的雏鸟，毛茸茸的，颜色稍淡，头上的毛发有些稀疏，头顶和嘴是红色的。虽然我觉得这几只小可爱的样子不太好看，但一定是它们爸爸妈妈眼中最美的宝贝。

本来是和爸爸妈妈去赏荷的，却意外遇到了几种我从未见过的动物，很是好奇，我赶紧用相机把它们拍了下来，回家在网上查找它们的信息，并做了记录，于是便有了这份自然笔记。我会继续去发现大自然的美好，并把它们一一记录下来，让更多的人了解自然，热爱自然，保护自然。

那么，它到底是鸭还是鸡呢？原来它的名字叫白骨顶鸡，生活在湖泊、池塘、沼泽地和芦苇荡等湿地环境。它有两只奇异的大脚，在脚趾的两侧有宽而分离的叶状瓣蹼，既能保证在陆地上的奔走能力，又可以拥有一定的游泳能力。

小欧家的特邀嘉宾——珠颈斑鸠

姓名：欧昱
学校：北京市海淀区翠微小学
时间：5~8月全天　晴、阴多，下雨少来
地点：居民楼窗外

扑棱扑棱
声音特大
"咕咕咕"地叫

01 比鸽子小，鸠鸽科

02 脖子
珍珠项链？×
披风√

03 灰褐色，脚红色

04 走路头一伸一伸，眼睛小，身体胖，眼神呆萌

05 贪吃鬼！一天来好几次，每天吃光光，最长吃了16分钟

06 与人类共生，像邻居，不怕人，从早上5:30~19:30都来

07 超级简单的窝，夫妻搭建。
几根树枝√
花盆√
纸盒子√

珠颈斑鸠

英文名：Spotted Dove。
俗名：野鸽子。体长：270~330mm。鸽形目鸠鸽科。

姓名：朱晓墨
学校：北京第一实验小学
指导老师：康争
时间：2022 年 11 月 13 日　晴
地点：小区

我在小区里散步时，发现了一只鸟正在草地上觅食，离近看，发现它的颈部有明显的斑点，原来是一只珠颈斑鸠。它以植物种子为食，有时也吃蜗牛等小动物，常出现在人类居住区附近。

珠颈斑鸠通常为一夫一妻制，是鸟类中的模范夫妻。

- 头灰白色
- 颈侧有黑底白点的斑块
- 后背和两翼呈灰褐色
- 尾较长
- 颈、胸至腹部浅粉紫色

小区里的留鸟

姓名：张恩林
推送单位：龙潭西湖公园园艺驿站
指导老师：齐洪华
时间：2022年10月15日
地点：北京颐慧佳园

戴胜
犀鸟目戴胜科。它有漂亮的羽冠，总被错认成啄木鸟。它的喙很细、很长，不能啄木头，而是在土里刨虫子吃。

珠颈斑鸠
鸽形目鸠鸽科。它外形像鸽子，后颈有珍珠一样的斑点，俗称野鸽子。它们的巢非常简陋，小宝宝像乱草堆，长大就变好看了。

麻雀·树麻雀
雀形目雀科。它们非常聪明，特别机警，记忆力好，喜欢住在有人类的地方，是近人鸟类。它们喜欢群居，成群结队的。

会倒立特技的小鸟

黑头䴓：雀形目䴓科䴓属。

姓名：于雯歆
学校：北京师范大学京师附小
指导老师：都思红
时间：2022年8月20日 晴
地点：中山公园

今年8月的一个周末，我和妈妈去中山公园玩，在很安静的湖边一棵柳树上，发现了一只倒挂在树上、跳来跳去的、浑身蓝灰色、头顶黑色的小鸟。妈妈很兴奋地告诉我，那是一只很少见的黑头䴓。

第一次见到黑头䴓的我很兴奋，也觉得特别幸运。原来就在我们身边有许多我们可能会忽略的有意思的事情，我要发现更多好玩的事物，仔细记录下来，爱护植物，保护动物，保护大自然！

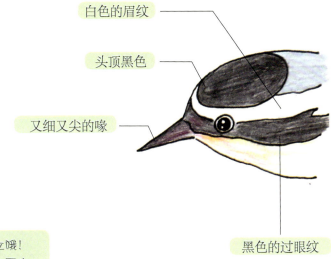

- 白色的眉纹
- 头顶黑色
- 又细又尖的喙
- 黑色的过眼纹

它的叫声很特别，像一连串上升的"wēi~wēi"或"zī~zī、dī~dī"声，有点类似轻柔的警报声，听过会印象很深。

黑头䴓是我国北方特有的鸟种，北京观鸟会的会徽上就是它的身影。

只有我会倒立哦！
请叫我树木小医生。

它们以吃害虫、松子为主，所食昆虫占总食量的50%~90%。

因为多数鸟的四趾是三前一后，后趾短；啄木鸟是两前两后，抓握有力，可以攀在树干上。而黑头䴓的后趾与中趾一样长，这样的爪抓握特别有力，就可以轻松地倒钩在树干上觅食。

秋日西山所见

姓名：姜爱琳
学校：北京市房山区良乡第三小学
时间：2022年9月4日 晴
地点：北京西山森林公园

周末，我和爸爸妈妈去了西山，看到了许多可爱的植物和虫子。通过查阅网络和书籍，我了解了它们。大自然多么美妙，等着我们去发现！

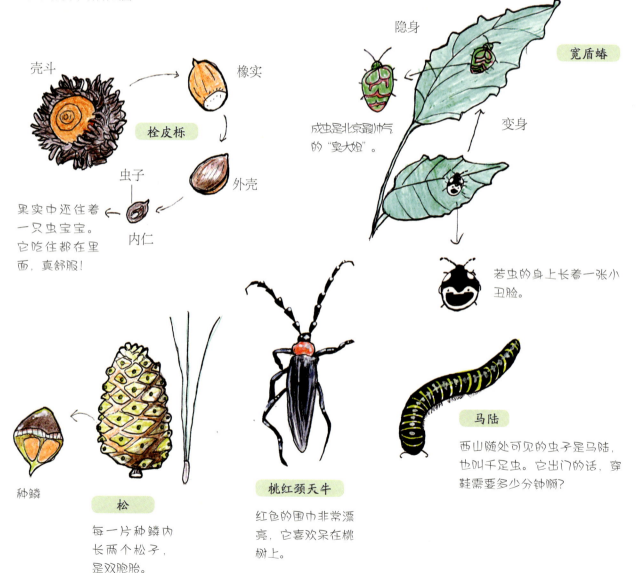

斑衣蜡蝉

斑衣蜡蝉是同翅目蜡蝉科的昆虫，民间俗称"花姑娘""椿蹦""花蹦蹦""灰花蛾"等。

姓名：张歆羽
学校：北京市朝阳区呼家楼中心小学团结湖分校
指导老师：李永红

大龄若虫身体通红，体背有黑色和白色斑纹。

在多种植物上取食活动，吸食植物汁液，最喜臭椿。斑衣蜡蝉是多种果树及经济林树木上的重要害虫之一，同时也是一种药用昆虫，虫体晒干后可入药，称为"樗鸡"。

羽化后可飞翔，其后翅基部红色，飞行能力弱。体长15~25毫米，翅展40~50毫米，常在秋季可见。

放学后和妈妈去公园发现了一种虫子，我们都不知道它的名字，于是我和妈妈一起研究它是什么虫子，所以有了这篇笔记，让我们一起了解它吧！

蝉

姓名：吴雨菲
学校：首都师范大学附属顺义实验小学
指导老师：赵璐瑶
时间：2022年7月18日 晴
地点：北京市顺义区

通过观察蝉蜕皮的过程，我感受到了生命力的顽强。蝉一生中有99%的时间都生活在地下，经过漫长的时间和痛苦的蝉蜕后，只为能在某个夏天唱一首属于自己的"夏之歌"。

01 晚上在家附近小树林地上的洞里，看到了两只闪光的小眼睛，仔细看，是一只没有蜕皮的蝉。

02 它不停地向上爬。

05 我们把其中一只带回家观察，大概在两个小时后，我发现它开始蜕皮了，背上裂开了一道口子，里面的身体不停地向外挤。

03 最后终于爬了出来。

04 我们又在树干上发现了两只已经从洞里爬到树干上，还在向上爬的蝉。

06 经过不断的努力，整个身体都从皮里出来了，它的翅膀还没有完全展开，身体是淡黄色、软软的。

07 第二天早上，它的翅膀变硬、展开，身体变成了黑色。

蝉是半翅目蝉科昆虫，俗称知了。它体长多在2~5厘米，分布在世界各地。

蝉为什么要发出蝉鸣？为什么只有雄蝉才有蝉鸣？它又是如何发出声音的呢？

原来蝉的一生有卵、若虫和成虫3个阶段，蝉的卵产在树的木质组织内，若虫一孵出即钻入地下，生活在土中，吸食多年生植物根中的汁液，一般需数年甚至十几年才能成熟。但这些年份数有一个共同点，都是质数，这是因为质数的因数较少，可以大大降低蝉在地面与天敌遭遇的机率并安全延续种群。在它成熟之后的那个夏季，蝉借助阳光的温度，在黄昏及夜间钻出土表，爬到树上，蜕去最后一层皮，舒展出翅膀，变成成虫。

夏季里，我们大多在白天日光强烈的时候听到蝉鸣，到了晚上便很少听到，这是因为雄蝉鸣叫与光因素有关；此外，蝉鸣还与温度有关：当气温达到20度以上雄蝉才开始鸣叫。雄蝉可以通过声音去结识雌蝉，繁衍后代；也可以通过鸣叫向同伴传达信息。

当羽化为成虫后，雄蝉的腹肌部有一对像蒙上了一层鼓膜的大鼓，在鸣肌的伸缩下，鼓膜就受到振动而发出声音。雄蝉通过对鸣肌的伸缩控制发出不同的声音，鸣肌伸缩可以达到每秒约1万次。而雌虫的鸣器发育不全，因此我们听到的蝉鸣都是由雄蝉发出的。

科学绘真

蝉
Cicadidae

七星瓢虫，人类的朋友

姓名：祁翊宸
学校：首都师范大学附属顺义实验小学
指导老师：赵艳坤
时间：2023年10月3日　小雨转阴
地点：马坡公园

下雨后，我和妈妈在公园里散步，一个七星瓢虫飞了过来，我很好奇，我想把它拿回家仔细观察！

雨后我和妈妈在公园里散步，突然一个小东西飞到了我的胳膊上，它红色的外壳上面有7个点，漂亮极了，原来是一只七星瓢虫。我决定带回家仔细观察。

七星瓢虫体长5.2~7.0mm，宽4.0~5.6mm，是隶属于鞘翅目瓢虫科的捕食性昆虫。身体像圆球，触角很短，因为鞘翅有7个黑色的圆点儿，所以人们叫它七星瓢虫。但每只虫身上的点的数量都是不同的。七星瓢虫一生经过卵、幼虫、蛹、成虫等4个阶段，每个阶段的发育受温度和湿度影响。

七星瓢虫是我们的朋友，可以吃很多害虫，它们主要吃蚜虫和土粒。我们要爱护七星瓢虫哦！

背上鞘翅有7颗黑色的圆点，像7颗星星，保护着虫体和后翅。

瓢虫的头下面有小触须哦！

触角，感受外部信息，在觅食和求偶等活动中起到重要作用。

头扁平，头顶上有三角凹洼。

蜂

姓名：刘宇昊
学校：北京市丰台区铎应小学
指导老师：周宇琦

我观察到了马蜂从建巢到生宝宝，再到冬季到来前离开的全过程，这期间我也学到了很多关于马蜂的知识，这是暑假里我最大的收获。

2021年6月的一个傍晚，我在凉亭的屋檐下发现了一个蜂巢。第一次发现它们的时候，它有荔枝大小，只有3只蜂在上面爬来爬去。

2021年7月9日，它比上次大了好几圈，从荔枝大小变成了一个苹果那么大，在上面工作的蜂也多了好几只。

2021年7月25日，蜂巢增大得非常快，几乎每天都在变大，它现在已经有碗口那么大了！

我在网上查了一下，它的样子和马蜂、黄蜂都有一些模样相似，不管是什么，都有点危险。

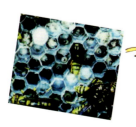

2021年8月4日，我看到孔洞里面有无数的马蜂宝宝开始破茧，它们在马蜂窝里蠕动。

2021年8月8日，今天的蜂巢爬满了马蜂，我不知道是马蜂变多了，还是宝宝长大了。

2021年8月22日，我在动物百科中看到胡蜂的样子和它也很像，而且胡蜂喜欢甜食，它啃我们家树上的苹果。

2021年9月4日，因为马蜂数量变多，它们回不去家，就重叠地挂在树枝上。

我终于找到答案了，胡蜂、黄蜂、马蜂都是同一种昆虫，只是不同的别称而已。

2021年10月7日，天变冷了，马蜂的数量变得越来越少了。

2021年10月18日，周末，我早上起来，发现马蜂不见了，只留了一个空空的巢在那里。

中华蜜蜂

Apis cerana cerana

中华蜜蜂又称中华蜂、中蜂、土蜂，中文正式名东方蜜蜂，是以杂木树为主的森林群落及传统农业的主要传粉昆虫。

对比意大利蜜蜂，中华蜜蜂有利用零星蜜源植物的能力强、效能高，消耗饲料少等优点，非常适合中国山区饲养。中华蜜蜂体躯较小，头胸部黑色，腹部黄黑色，全身披黄褐色绒毛。2006年，中华蜜蜂被列入农业部国家级畜禽遗传资源保护品种。

在中国，从东南沿海到青藏高原，中华蜜蜂几乎在所有的省、自治区、直辖市均有分布。中华蜜蜂工蜂腹部颜色因地区不同而有差异，有的较黄，有的偏黑；吻长平均5mm。蜂王有两种体色：一种是腹节有明显的褐黄环，整个腹部呈暗褐色；另一种的腹节无明显褐黄环，整个腹部呈黑色。雄蜂一般为黑色。南方蜂种一般比北方的小，工蜂体长10～13mm，雄蜂体长约11～13.5mm，蜂王体长13～16mm。

中华蜜蜂飞行敏捷，嗅觉灵敏，出巢早，归巢迟，每日外出采集的时间比意大利蜂多2～3小时，善于利用零星蜜源。一直是中国人心中"勤劳"的象征。此外，中华蜜蜂起着重要的平衡生态作用，特别有利于高寒山区的植物。华北地区的很多树种都是早春或是晚秋开花的，还有的是零零星星开花的，如果没有中华蜜蜂，植物的受粉就会受到影响。中华蜜蜂一旦完全灭绝，会影响与之有关的植物生态系统。

当前，中华蜜蜂面临着天敌危害、外来入侵、农药化肥滥用等威胁。

它的主要天敌胡蜂会拦劫空中飞行的蜜蜂，形成对外勤蜂的干扰，减少了20%~30%的采蜜活动。外来入侵的意大利蜜蜂（以下简称"意蜂"）是我国饲养的主要外来蜜蜂品种。在秋后等蜜源等食物缺乏的季节，经常会有"盗蜂"行为发生，蜜蜂经常会掠夺弱小蜂群内的所有蜂蜜。意蜂比中蜂的个体稍大、群内个体数量更多，更易占得上风，经常将中蜂群内的蜂蜜盗空并杀死大量的工蜂甚至蜂王，一个蜂群只有一个蜂王，蜂王死去或失去越冬的食物，蜂群便会面临崩溃。而农药化肥的滥用，使得耕作土壤地力下降、栽培作物及周边植物的种性退化，使其减少流蜜吐粉，且部分农药的不正确喷施，会使区域内活动的中华蜜蜂中毒，农药影响蜜蜂神经系统使其代谢紊乱，改变其行为模式，使其无法找到蜂巢，使其难以躲避天敌或者因为觅食困难而死亡。

柑橘凤蝶

姓名：孙己悦
学校：北京市西城区自忠小学
指导老师：王京

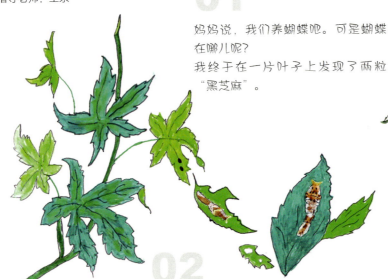

01 妈妈说，我们养蝴蝶吧。可是蝴蝶在哪儿呢？
我终于在一片叶子上发现了两粒"黑芝麻"。

02 黑芝麻变成了黑乎乎的小毛毛虫，它不停地吃呀吃呀，叶子到处都是洞洞。

03 一天，小毛毛虫变成了绿色，原来是蜕皮了。它越吃越多，也越长越肥，还伸出了黄色的触角。

04 毛毛虫突然不吃了，在角落不停地吐丝，把自己裹了起来。
十几天后，一只美丽的蝴蝶破茧而出，原来是柑橘凤蝶。

05 我和妈妈用网兜把蝴蝶带到公园，看着它翩翩起舞，我开心极了。

蚊

分类地位：动物界节肢动物门昆虫纲双翅目蚊科。

姓名：王铭辰
学校：北京市第十五中学附属小学
指导老师：陈琳琳
时间：2022年10月15日　晴
地点：家

夏秋季节蚊子增多，蚊子叮咬不仅让人奇痒难忍，还会传播疟疾、丝虫病和登革热等疾病。我以家里的蚊子为观察对象，观察它们的形态特征。北京地区常见的是淡色库蚊和白纹伊蚊，它们都有细长的身体、细长的腿，狭长而透明的翅膀。

标注：前足、喙、触角、复眼、翅、尾须、中足、后足、头、胸、腹

Culicidae

淡色库蚊

长约3~7mm，身体棕黄或淡褐色。主要传播班氏丝虫病。

白纹伊蚊

长约5~10mm，身体多数部位为黑色或深褐色，分布有白色条纹，胸部背面有一道银白纵条。主要传播登革热。

岸冰

沿河岸冻结的冰带，可分为：初生岸冰、固定岸冰、再生岸冰、冲击岸冰、残余岸冰。

姓名：刘帅然
学校：北京师范大学奥林匹克花园实验小学
指导老师：郑蕊
时间：2023年1月7日~1月20日
地点：白河沿岸　-10℃~5℃

 冰礁

 冰花

初生岸冰

在岸边水表面形成薄而透明的冰带。
观察时间：2023年1月20日
天气：晴
气温：-10℃
地点：白河沿岸（延庆段）

 水内冰

水中生长的冰。悬浮在水中，薄片状。
观察时间：2023年1月16日
天气：晴
温度：-8℃

 固定岸冰

由初生岸冰逐渐发展而成的固定冰带，会随气温下降而越结越厚、越结越宽。
观察时间：2023年1月14日
天气：晴
气温：-7℃

观察时间：2023年1月20日
天气：晴
气温：-10℃

冰面宽度140cm
↓ 增加 21cm
冰面宽度161cm

1月17日　1月18日　1月19日
-2℃　　　0℃　　　-4℃
河两岸的冰　河两岸的冰　河两岸的冰
未连起来　　马上连接起来　连到一起了

观察对象：固定岸冰
观察时间：2023年1月7日~1月20日
岸冰宽度由125cm增加到161cm，水的温度保持在1.8℃~2.2℃，冰的温度比水温低，固定岸冰每日增加宽度2~5cm。

 冰盖

横跨两岸覆盖水面的冰层

湖冰中的气泡与冰裂

观察时间　2023年1月7日~1月20日　　　观察时间　北京市延庆区白河岸边

观察对象　　　岸冰　　　　　　　　　　记录人　　　刘帅然

时间	天气	气温	照片	观察记录	时间	天气	气温	照片	观察记录
1月7日 下午1:00	晴	3℃		冰宽125cm	1月14日 下午3:00	晴	-7℃		冰宽140cm 水温2.2℃ 冰温-3.1℃
1月8日 上午11:51	晴	2℃		冰宽127cm	1月15日 下午4:20	晴	-7℃		冰宽143cm 水温2℃ 冰温-5.7℃
1月9日 下午2:28	晴	5℃		冰宽130cm	1月16日 上午11:40	晴	-8℃		冰宽148cm 水温2℃ 冰温-6.1℃
1月10日 下午1:41	晴	2℃		冰宽133cm	1月17日 下午3:32	晴	-2℃		冰宽152cm 水温1.8℃ 冰温-2.6℃
1月11日 下午2:15	多云	3℃		冰宽135cm 水温1.8℃ 冰温0.5℃	1月18日 下午3:18	晴	0℃		冰宽155cm 水温1.8℃ 冰温-1.4℃
1月12日 下午1:30	小雪	-1℃		冰宽135cm 水温2℃ 冰温0.1℃	1月19日 下午1:14	多云	-4℃		冰宽159cm 水温1.8℃ 冰温-1.7℃
1月13日 下午1:50	阴	0℃		冰宽137cm 水温2.2℃ 冰温-0.1℃	1月20日 上午11:30	晴	-10℃		冰宽161cm 水温2.2℃ 冰温-5.5℃

4~6年级组

土豆

姓名：何京南
学校：北京工业大学附属中学新升分校
指导老师：蒋亚秋

通过观察土豆的生命历程，我学习了不少的课外知识。本次种植让我受益匪浅，并对种植产生了很大的兴趣。

01

时间：2022年3月28日
地点：十里河大洋路市场
天气：晴

02

时间：2022年4月9日
地点：十里河大洋路市场
天气：晴

03

时间：2022年4月30日
地点：十里河大洋路市场
天气：多云

04

时间：2022年5月15日
地点：十里河大洋路市场
天气：晴

05

时间：2022年6月1日
天气：晴

06

时间：2022年6月13日
天气：晴

07

时间：2022年7月10日
天气：晴

08

时间：2022年7月10日
天气：多云

西瓜

姓名：张芷浩
学校：北京第二外国语学院附属小学定福分校

观察对象	时间	地点	天气	颜色	高度	状态
西瓜	7月5日	家	晴	黑色	1cm	籽粒
	7月10日		晴	绿色	4~5cm	发芽
	8月9日		晴	绿色	10~70cm	爬藤
	8月24日		晴	绿色（花黄色）	75~90cm	开花
	8月31日		晴	绿色（瓜青绿）	91~125cm	结果
	9月23日		多云	深绿（含瓜）	125~150cm	成熟
	10月7日		晴	黄色	146cm减至130cm	枯萎
	10月18日		晴	黄偏灰	100cm减至97cm	死亡

西瓜

果的类型:果的种类随着植物种类的不同而繁多,分类的方法较多,根据果的来源可以分为单果、聚合复果、聚花果(复果)、蔷薇果四大类。

单果

由一朵花中的单一雌蕊发育而成,可以分为肉质果与干果两类。

肉质果

果成熟之后肉质多汁,根据果实的性质和来源的不同,可以分为浆果、核果、柑果、瓠果、梨果。

西瓜的果实属于瓠果。即果实的肉质部分由子房和被丝托共同发育而成的假果。瓠果中,有些我们食用的是它们的整个果实,如丝瓜、黄瓜;有些食用的是外果皮和中果皮,如冬瓜和南瓜;而西瓜所食用的部位是原来的胎座。

玩偶南瓜成长日记

姓名：刘卓伟
学校：北京市朝阳区白家庄小学
指导老师：袁欣

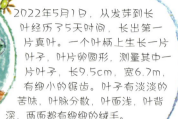

01 长叶

2022年5月1日，从发芽到长叶经历了5天时间，长出第一片真叶。一个叶柄上生长一片叶子，叶片卵圆形，测量其中一片叶子，长9.5cm，宽6.7m，有细小的锯齿。叶子有淡淡的苦味，叶脉分散，叶面浅，叶背深，两面都有细细的绒毛。

02 藤蔓

2022年5月21日，长出第一棵藤蔓。小小的、细细的、黄绿色的藤蔓卷曲着。5月23日，两天的时间，更多的藤蔓生长出来。它们一个个伸开自己的触手，做好了攀登的准备。

03 开花 2022年6月8日

雌蕊多瓣形　雄花柱形　果实　雌花
雌花　　　　雄花　　　雌花结果

5月28日，玩偶南瓜长出了第一个花苞，6月5日花明显长大，但是下面的小瓜不见长大。6月6日第一朵花开放了，但是第一个瓜却夭折了，这应该就是种菜人口中的"谎花"——雄花。6月8日第三朵花即将绽放，我仔细观察它的外观，花苞下有一个黄绿色的小圆球——玩偶南瓜，这是一朵雌花。我用毛笔帮雌花授粉，雌花谢了，尾巴上的小瓜继续长大，就是"玩偶南瓜"啦！

04 结果 2022年6月18日

6月8日～6月18日，10天时间，在我的精心照顾下，第一棵玩偶南瓜终于长成了。小南瓜外形像个小灯笼，上面部分细长金黄色，下面部分是一个乒乓球大小的圆球形状，深绿色的瓜皮上均匀分布着浅绿色条纹，可爱极了。

总结

从4月16日浸种到6月18日果实成熟，历时2个月的时间，我用眼观察，用笔记录，用心照料，收获了玩偶南瓜成长的全过程。我种植的小南瓜全株高1.2m，共长出25片叶片，每个叶片都有1～2朵雄花，雄花数量多于雌花，约是雌花数量的2倍。共结玩偶南瓜果实4颗。大自然真奇妙，我爱自然，我爱科学。

南瓜

南瓜的果实类型是瓠果。瓠果为葫芦科植物所特有，我们食用的果蔬里，许多"瓜"的果实都是瓠果，而它们的种子也可以食用——南瓜籽、西瓜子、黄瓜籽等。

而葫芦科植物在食用时还需要注意它们异常的"苦味"，"苦味"的来源是葫芦素，它是一种有毒物质，它在人体内会产生较强的细胞毒性，造成多种中毒症状，例如上吐下泻、消化道出血、肝肾功能损害、毛发脱落等，严重时甚至会导致死亡。一般来说，葫芦科的蔬菜水果经过人类的长期选育，成熟后已经很少或不产生葫芦素，没有苦味了。

然而存在一些特殊情况：有些植株可能发生"返祖"，恢复合成葫芦素的能力，例如基因突变、种植条件不佳（如干旱、低温）等；苦味野生植株的花粉"污染"了栽培植株，杂交出来的种子种下去，收获的下一代果实就可能发苦。

在常见的葫芦科蔬菜和水果中，南瓜、西葫芦、黄瓜、甜瓜、西瓜、丝瓜、冬瓜、瓠子等，均可偶尔遇到味道极苦的果实。苦瓜是唯一的例外，它的味道轻苦，苦味主要来自苦瓜属植物特有的苦瓜苷，葫芦素类物质很少。

如果你在食用其他葫芦科植物的时候苦的难以下咽，那千万不要吃！

花生的生命历程

花生在地上开花，花落以后能钻进地里结出果实，所以也叫"落花生"。中文名：花生、落花生。别名：地豆，长生果唐人豆。豆科落花生属的一年生草本植物。叶长5.6cm，株高52cm。

Arachis hypogaea

姓名：胡沛茸
学校：首都师范大学附属顺义实验小学
指导老师：李丽莎
时间：2022 年 10 月 5 日
地点：北京顺义后晏子村

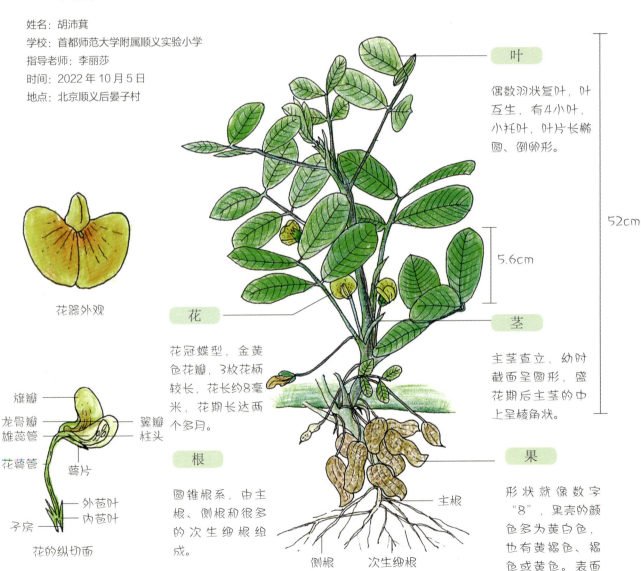

花器外观

花的纵切面（旗瓣、龙骨瓣、雄蕊管、花萼管、子房、翼瓣、柱头、萼片、外苞叶、内苞叶）

叶：偶数羽状复叶，叶互生，有4小叶，小托叶，叶片长椭圆、倒卵形。

茎：主茎直立，幼时截面呈圆形，盛花期后主茎的中上呈棱角状。

花：花冠蝶型，金黄色花瓣，3枚花柄较长，花长约8毫米，花期长达两个多月。

根：圆锥根系，由主根、侧根和很多的次生细根组成。

果：形状就像数字"8"，果壳的颜色多为黄白色，也有黄褐色、褐色或黄色。表面凹凸不平。

可长成幼苗　发育成茎和叶

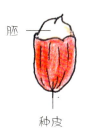
胚
种皮
（保护内部结构）

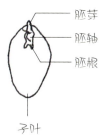
胚芽
胚轴
胚根
子叶
（储存营养）

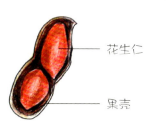
花生仁
果壳

01 种下果实

02 发芽

03 长出子叶　　04 幼苗期，子叶提供营养后枯萎脱落

05 苗壮期

06 开花

07 凋零

08 子房柄下生长

09 插入泥土　　10 前端膨胀　　11 长成花生

一天在公园里散步，看到了山楂树，树上挂满了一串串又红又圆的山楂果，这是我第一次看到山楂树。后来查了关于山楂的资料，整理成笔记。

每个山楂果都有3~5粒小核，表面是黄棕色的，外形像橘子瓣儿，质地坚硬，一口咬下去小心牙齿不要被硌到哟！

姓名：张宥歆
学校：北京市通州区运河小学
指导老师：张晓
时间：2022年8月16日　晴
地点：东郊湿地公园

山楂别名山里红，在每年9~10月成熟。深红色的外表上有浅色斑点。既是一种常见水果，也可以入药。山楂具有消食健胃的功效。用它制作成的山楂糕、罐头等食品也很好吃。

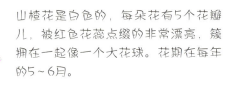

山楂花是白色的，每朵花有5个花瓣儿，被红色花蕊点缀的非常漂亮，簇拥在一起像一个大花球。花期在每年的5~6月。

无限花序类型

上文中，我们讲了花序的分类——无限花序和有限花序。其中无限花序又可以分为总状花序、柔荑花序、穗状花序、伞房花序、头状花序、隐头花序、伞型花序、肉穗花序等不同类型。

伞房花序

也叫平顶总状花序，是变形的总状花序。与总状花序不同的是，伞房花序上面各花的花柄长短不一，下部花的花柄最长，越接近花轴上部的花柄越短，整个花序上的花几乎排列在同一平面上，例如麻叶绣球、山楂等的花。如果有几个伞房花序排列在花序总轴的近顶端部位，称为复伞房花序，如绣线菊。如果开花的顺序由外向里，就形成一种变形的总状花序，如梨、苹果、樱花等。

柿柿如意

姓名：沈坤博
学校：北京市西城区志成小学
指导老师：任文秀
时间：2022年秋季　晴
地点：北京市西城区路边

秋天是最富诗意的季节，走在北京的街头，路边的柿子树上挂满了红红的小灯笼，柿子熟了！柿子果实成熟后是金黄色或者红色，形状丰厚圆硕、形如如意，又因"柿"与"事"谐音，寓意为事事如意和万事顺心，是很好的吉祥物。

Diospyros kaki

柿，是柿科柿属落叶大乔木。通常高达10~14米及以上，胸高直径达65厘米。树皮深灰色至灰黑色。原产中国长江流域，世界各地多有栽培。根据各地资源调查的不完全统计，中国现有品种963个。

叶纸质，卵状椭圆形至倒卵形或近圆形，通常较大，长5~18厘米，宽2.8~9厘米。老叶呈深绿色。

雄花花萼和花瓣小而尖，3~5朵花丛生。

雌花单生叶腋，长约2厘米，花萼绿色，有光泽，直径约3厘米或更大，深4裂。花冠黄白色，近钟形。

未成熟的果实仰看像折纸花篮，侧看像戴帽子小孩。

果实有球形、扁球形等等，直径3.5~8.5厘米不等，成熟时呈橙红色或大红色，果肉柔软多汁。

种子褐色，椭圆状，长约2厘米，宽约1厘米，侧扁。

桂花

这是我在一个无名的公园里看到的一棵桂花树,远远的那桂花的香气扑面而来。那十字小黄花那样小却不比其他花的香气差。现在已是10月,马上就到凋落的时候了,可我相信,它的美会一直在我的脑海里。一直到下一年秋天也不会消失,所以我选择桂花做了一个关于"它"的自然笔记。

姓名:李钰鑫
学校:北京市朝阳区外国语学校北苑分校
指导老师:马琳
时间:2022年10月2日 晴
季节:秋天

叶
叶子长椭圆形,顶部是尖的,表面很滑,有像眼睛的形状。

花
桂花的形状像"十"字,中间较窄,两头较宽,并且它有2个花蕊,桂花比较小,有4片花瓣颜色为淡黄色,散发淡淡清香。

枝
是黄褐色的,上面没有毛,而且并不粗壮。

美食
桂花不仅长得漂亮,气味好闻,还可以做成很多好吃的,比如桂花糕、桂花蜜、桂花茶等等。

桂花"树"
树干比较粗壮,树皮十分粗糙。
——灰褐色

3~6m

秋葵

想知道好吃的秋葵是怎样生长的。在菜园中种下种子，观察秋葵从播种到端上餐桌的生长过程并记录。

第12天
7月5日 小雨

第35天
7月28日 多云

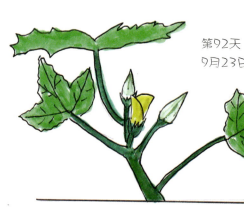

第92天
9月23日 晴

秋葵是一年生草本植物，茎圆柱形，疏生散刺，花期5～9月，有极高的营养价值。

秋葵的横切面

第103天
10月4日 晴

姓名：张瑜
学校：北京市朝阳区呼家楼中心小学团结湖分校北校区
指导老师：许鹤
播种时间：2022年6月24日 晴
收获时间：2022年10月4日
地点：自家菜园

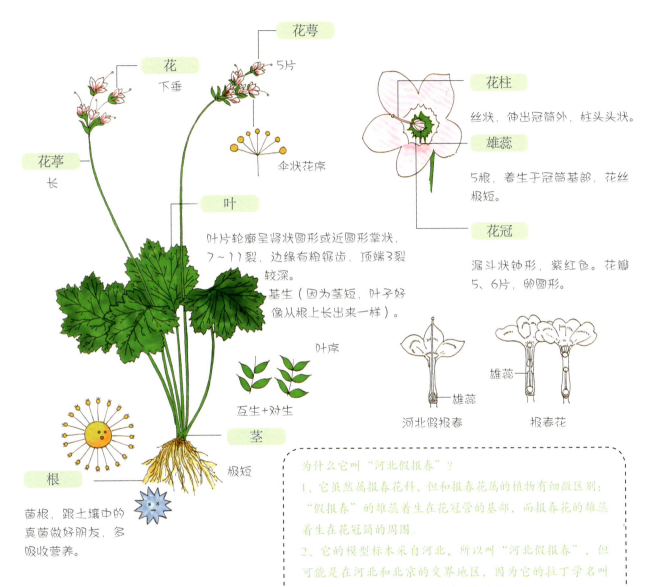

01

3月24日，豆苗在土里睡了两天之后，开始悄悄地发芽了。

3月29日，小豆苗都在快速和快乐地长大，绿绿的叶子也变大了一些。

4月2日，豆苗长得更快了，叶子每天经过日晒，变得更大更饱满了，颜色也深了一些。

3月27日，天气很晴朗，红豆和黑豆都破土而出了。叶子很小很可爱。

每到太阳下山的时候，豆苗会关上它的叶子，开始休息了。

4月5日，我把它们移植到了大房间，这样它们可以更好地吸收营养，茁壮成长。

自然笔记——红豆与黑豆

姓名：杨建韬
学校：北京市朝阳区白家庄小学
指导老师：袁欣

4月14日，红豆和黑豆一起住在新房子里，每天高兴地晒太阳和吸收营养，陪我快乐地度过每一天。

4月22日，突然发现，红豆和黑豆的豆苗正在飞快地长大，每天都会变大一点点。于是，我又给它们各自安排了新家。

4月26日，这周的豆苗长得尤其快，叶子开始变大，变得更茂密了，它们一定是在新房子里住得非常开心。

5月6日，又过了几天，豆苗们悄悄地又长高了一些。仔细观察黑豆苗，会发现它们长出了超级小的豆荚，非常可爱。红豆苗也不甘示弱地开出了几朵小黄花。

5月11日，黑豆苗长出的豆荚正在慢慢变大，每个豆荚都很饱满，外形有些像毛豆的感觉。

5月16日，红豆苗花开之后，也努力地长出了豆荚，长长的一串，我猜里面一定有不少果实。

5月23日，经过一周的时间，黑豆苗长出了更多的小豆荚，红豆苗开的花儿越来越多，豆荚也跟着越来越多。

6月5日，豆荚们长得很快，每天都会变大一点点，我仍然坚持给它们浇水、施肥、晒太阳……非常期待收获的日子！

黄刺玫

蔷薇科蔷薇属。落叶灌木，高达2~3米，原产我国北部，喜光，稍耐阴，耐寒力强。别名：刺玫花，黄刺莓。北京公园多栽培。

姓名：李岱达
学校：北京市西城区厂桥小学
指导老师：丁玉平
时间：2022年4月7日 18:30 晴
地点：官园公园

单瓣花瓣5，或重瓣，黄色，倒卵形，花期4~6月。

单瓣

奇数羽状复叶，互生，小叶7~13个，较小，近圆形或宽卵形，有叶柄，小枝有刺。

 官园公园

果期7~8月，果实可食，略苦涩。

重瓣

Rosa xanthina

四月的北京，西城区图书馆楼下，一丛丛黄刺玫，明亮的色彩，令人清新神怡，整个世界都弥漫着春日的生机。

斑地锦 低调又顽强的野草

根
根很细小。

花
花序单生于叶腋，总苞狭杯状有白色绒毛，边缘五裂。

果实
果实上面有棱。

叶
叶片对生，长椭圆形，长6～12毫米，宽2～4毫米，中心和边缘有紫红色。

斑地锦是大戟科大戟属植物。一年生草本，紫红色茎匍匐在地面，茎上有绒毛。它有顽强的生命力，即使经常被人踩到也问题不大。你把它揪断，它就会流出奶白色的液体，所以人们也叫它奶浆草。

姓名：孙朴涵
学校：北京市丰台第八中学附属小学
指导老师：孙文九，陈红岩
时间：11月10日　多云
地点：御康公园

当你在路边蹲下身的时候，经常会看到一种紫红色茎、叶子小小的小草，它太小啦！只有当你俯下身子才会注意到它。它就是斑地锦草。

西山构树

姓名：刘奇萌
学校：北京市房山区良乡第三小学
时间：2022 年 10 月 4 日　晴
地点：西山森林公园

我们假期去西山森林公园爬山时，我发现了一片构树林。我开始不知道这是构树，后来经过品尝果子和询问才知道这是构树。这种树并不好看，但它的生命力很强，同时全身都是宝，我也要像构树一样做默默奉献的人。

雌花花序

雌花授粉后，会结出果实。

雄花花序

雄花给雌花传粉。

不裂

浅裂

深裂

叶子

构树叶富含蛋白质，可以当饲料。它能吸收有毒气体，在污染严重的工厂周边，可净化空气。
同时，构树全身都是中草药。

聚花果实

果实的味道又酸又甜，非常好吃，不过吃之前要先洗洗。秋天那些饿的鸟也吃这个果实。

银杏

银杏为中生代孑遗的珍贵树种，系中国特产，银杏科银杏属的落叶乔木，高达40米，胸径可达4米，又名白果，公孙树、鹅掌树，是观赏树和行道树的优良树种。

姓名：张紫晴
学校：北京市东城区和平里第九小学
时间：2022年9月18日
地点：北京地坛公园
天气：14℃，天气有点寒冷

我的家住在地坛公园附近，经常去玩。地坛公园里有很多的银杏树，每年10月底至11月初，我和家人总会去捡银杏叶。满地金黄的叶子像蝴蝶扇动着翅膀，我每年都会多捡几片，想把每年的秋天收藏起来。

Gingkgo biloba

银杏树雌雄异株

花药常2个，长椭圆形，药室纵裂。

长枝

胚珠
珠孔
珠座
珠柄

小孢子叶球
雄球花4～6生于短枝，顶端叶腋或苞腋长圆形，下垂，淡黄色。

叶
叶扇形，叶脉二叉分出，长枝叶子轮生，短枝叶子簇生。

种子成熟时，黄或橙黄色，被白粉，外种皮肉质有臭味。

大孢子叶球
雌球花一般有两个胚珠（有时一个不育），珠孔能分泌液体，形成传粉滴，粘附风中的花粉，传粉滴干涸后花粉经珠孔进入胚珠。

银杏木价格昂贵，入药多，其次做乐器。

种子

直径约2～3.5cm

中种皮硬质白色，内种皮质膜质黄褐色，胚乳肉质，胚绿色。

银杏

乔木,高达40米,胸径可达4米。幼树树皮浅纵裂,大树之皮呈灰褐色,深纵裂。叶扇形,有长柄,淡绿色,无毛。银杏系中国特产,生于排水良好地带的天然林中。

姓名:梁穆涵
学校:北京师范大学京师附小
指导老师:都恩红
时间:2022年11月 晴
地点:金融街街心花园

雌株

雌球花具长梗,分两叉,每叉顶生一盘状珠座,通常仅一个叉端的胚珠发育成种子,风媒传粉。

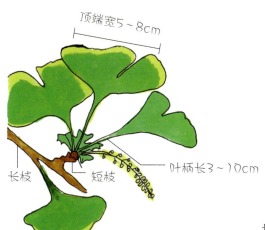

雄株

雄球花葇荑花序状,下垂,雄蕊排列疏松,具短梗,花药常2个,长椭圆形。

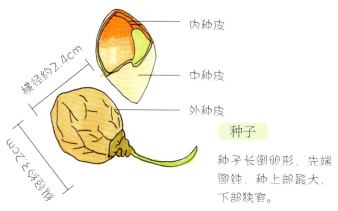

种子

种子长倒卵形,先端圆钝,种上部最大,下部狭窄。

北京的秋天,到处都是银杏树,银杏叶像一把把小扇子一样在轻轻摆动,非常美丽。我很喜欢银杏叶,因此我去公园里观察银杏树,观察银杏叶,观察银杏果,我凑近仔细观察,用画笔记录下它们的样子,不懂的地方上网查资料,最终以自然笔记的方式记录下了银杏的特征。

银杏—鸡爪槭

姓名：刘雨昕
学校：北京市西城区复兴门外第一小学
指导老师：穆洁馨
时间：10~11月
地点：中山公园

银杏　　　　　　　　　　　　　　　　　鸡爪槭

秋天的银杏与鸡爪槭的变化，能给大自然装点许多颜色。下面是它们叶子变色观察记录。

10月1日最高气温24℃，最低19℃，当天银杏树叶整体为绿色，如图y-1。

鸡爪槭树绿色树叶为主，也有少量边缘变为黄色、叶脉显现绿色叶片，如图q-1。

10月15日最高气温24℃，最低11℃，这两周期间有几天温度下降10℃多，于是银杏树叶开始出现少部分有边缘变黄的迹象，如图y-2。

10月29日最高气温14℃，最低8℃，与前两周相比较温度下降较为明显，向阳部分的树叶与前两周相比颜色变化较为明显，银杏树叶叶片大部分变黄，仅根部还有绿色，如图y-3。

槭树树叶出现如图q-2的样子。

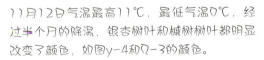

11月12日气温最高11℃，最低气温0℃，经过半个月的降温，银杏树叶和槭树树叶都明显改变了颜色，如图y-4和q-3的颜色。

本次笔记通过记录温度观察树叶颜色变化规律，当昼夜温差变大时，部分位置树叶颜色变化较快，当整体温度下降较快时，树叶加快变黄或变红。通过拍照对比进行观测和记录。

薄荷，又名银丹草、夜息香，是唇形科薄荷属的一种多年生草本植物。喜温暖湿润、阳光充足的地方，多年生于山野湿地。全株气味芳香，是一种有特种经济价值的芳香作物。

姓名：牛梓诺
学校：北京市海淀区中关村第三小学

薄荷是中华常用中药之一。明朝李时珍《本草纲目》认为："薄荷味辛、性凉，无毒。"是辛凉性发汗解热药，治流行性感冒，头疼目赤、身热、咽喉、牙床肿痛等症。外用可治神经痛、皮肤瘙痒、皮疹和湿疹等。平常以薄荷代茶，清心明目。

姓名：柳彦君
学校：北京市朝阳区白家庄小学
指导老师：袁欣

2022年4月23日
地点：家里
天气：晴，有微风
我播种时是直接放进去，没有泡过，直接进行培育，在育苗盘里，7天后，它们已经发芽，有两个茎很长，可能是我浇水过多的结果。

2022年5月22日
地点：家里
天气：晴
大约一个月后，我的向日葵长得很大了，叶子有巴掌大小。上面有小毛，摸起来有一点扎手。我还看见叶子上有叶脉，它可以给叶子送去养分。

2022年7月5日
地点：家里
天气：晴
大约两个月后，长出了花苞，花盘有一点露出来了，呈现出黄金分割数列。

2022年8月5日
地点：家里
天气：晴
又一个月过去了，向日葵已经结果了，长出了瓜子，它结出的瓜子又胖又短，很小很可爱。

自然笔记 向日葵

姓名：宋思涵
学校：北京市西城区五路通小学
指导老师：张蕾

向日葵，菊科，因花序随太阳转动而得名。一年生草本，高1～3.5米，最高可达9米。夏季开花，矩卵形瘦果，果皮木质化，灰色或黑色，称葵花籽。

有裂的辐射花有黄色、橙色、栗色

椭圆形带齿的叶

成熟期
全部的花开完后，夏天就过去了。变成咖啡色的花朵中央聚集着很多果实。

高大而粗壮的茎

春种
向日葵的种子是细小的，一般每年三到四月间播种。

出苗
一周左右，葵花籽就会长出嫩绿的小苗。

幼芽期
三十到五十天，此时向日葵不断长高，叶片会不断增多，根系也会迅速生长，变得非常发达。

现蕾期
此时它顶部的星状体会长成花盘，其余枝叶也会继续生长。

现花期
五到十月，一个花盘从舌状花开放至管状花，一般需要六到九天。

二月兰

二月蓝（诸葛菜）。十字花科诸葛菜属，一年或二年生草本植物。别名：紫金草、"和平之花"。

姓名：张涵琳
学校：北京市西城区厂桥小学
指导老师：丁玉平
时间：2022年4月3日
地点：天坛公园
天气：晴，20℃

平均株高 30~50cm

耐寒，耐阴，大树下面成片成片地生长，一片美丽的蓝紫色。

叶子抱着茎生长，边缘有不整齐的牙齿。

幼苗和开花时的样子非常不同。

茎的上中下各部分的叶子都不同。有浅裂有深裂。

四片花瓣呈十字分布。花紫色、浅红色或褪成白色。

"四强雄蕊"雄蕊有四根特别壮。亮晶晶的花蜜，吸引授粉的小虫虫。

种子含油高达50%以上，又是很好的油料植物，亚油酸比例较高。

种子黑棕色，卵形至长圆形。

五月结出果实，细长细长的四个棱，像水鸟的大长嘴。

种子
135长一边
246长另一边
我觉得很有趣！

自然观察笔记

凤仙花

姓名：孟宸霆
学校：北京市朝阳区白家庄小学
指导老师：袁欣

2022年4月13日　天气多云　北京

播种

水泡催芽

凤仙花种子直径1~2毫米左右，分别采用水泡催芽法和直接播种法，观察凤仙花种子发芽。

01

2022年4月19日　天气晴　北京

发芽

实践证明，水泡催芽法更利于种子发芽，种子发芽三要素有：温暖的气候、充足的水分和氧气。

02

2022年5月10日　天气小雨　北京

长叶

此时长出两片真叶，叶片为披针形，叶片互生，边缘有锐锯齿，叶脉清晰可见。

03

2022年6月21日　天气晴　北京

生长

一年夏至，此时日照充分，植株进入快速生长期，植株高约75厘米，主茎周长6厘米。

04

2022年6月30日　天气小雨　北京

开花

此时进盛花期，枝繁叶茂。用棉签在每朵花蕊间涂擦完成授粉。凤仙花是双性花，花型结构像蝴蝶。

05

2022年7月24日　天气晴　北京

结果

通过棉签在不同的花蕊间涂擦完成授粉，子房长大花瓣枯萎，凤仙花果实呈纺锤形，全身白毛，用手一压，果荚爆裂，弹射出5~6颗种子。

06

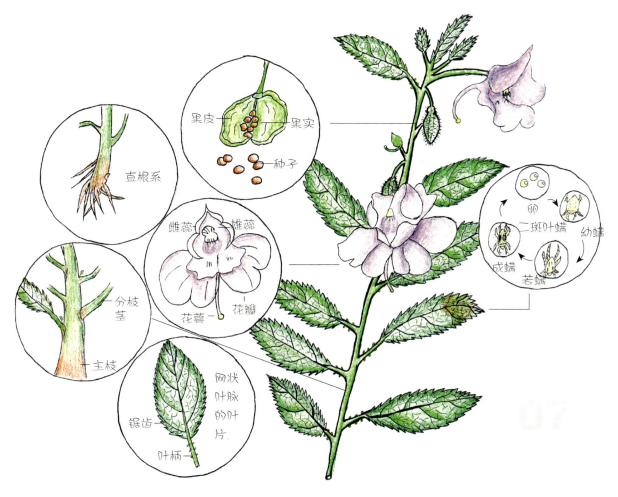

2022年8月17日 天气晴 地点：北京家中

总结

时光如梭，从2022年4月播下种子到7月底结出果实，我陪伴凤仙花一同成长。感谢老师和家长对我的支持和鼓励。凤仙花种植过程主要包括：播种育苗、浇水施肥、间苗移栽、整形修剪和病虫害防治。印象最深刻的是两盆15厘米高的花苗，共计5棵意外折断，我很难过，但是我没有放弃，振作精神，重新播种。通过这次经历，让我认识到很多事都要有一份持之以恒的坚持，要有知识的积累和充分的科学实践。

2022年7月24日 天气多云 北京

天气炎热，最近平均的气温在35℃，此时凤仙花叶片出现小黑点和叶片枯萎，我用高倍放大镜观察和查阅资料，获悉这是二斑叶螨。主要以成螨卵、若螨的形态存在。有刺吸式口器和4对步足，群聚在叶背吸取汁液，并在叶上吐丝结网。采用0.12%浓度氰氟菊酯水乳液喷洒后，叶螨活性降低，但很难根除。

姓名：王语菡
学校：北京市西城区师范学校附属小学
指导老师：相雨杭
时间：2022年2月27日~6月17日
地点：南阳台和南院

凤仙花的一生

01 发芽
02 幼苗
03 长大
04 成株
05 花苞
06 含苞待放
07 盛开
08 结果
09 采种

发芽

3月5日，晴。7天前，我种下了9颗种子。今天，终于有一颗种子发芽了。它高约1cm，叶片还没有打开。

幼苗

3月10日，晴，第12天。幼苗向着太阳生长，最高的长到了7cm。茎的顶端长出了两片对称生长的椭圆形叶片。

长大

4月5日，第38天，晴。幼苗纷纷长出了新的叶片，是枣核形的，两头尖尖的，边缘有锯齿，与第一对叶片完全不同。叶脉颜色比叶片浅，非常明显。

成株

5月1日，第64天，晴。9颗种子，只成活了5颗。我发现，如果茎粗壮且底部发红，苗就会很健康。我的凤仙花成年啦！高21~36cm，叶片交互生长。

花苞

5月2日，第65天，晴。有两株红茎的凤仙花率先长出了花苞，在锯齿形叶片与茎的夹缝处。花苞是黄绿色水滴形的，头尖尖的，一共有十多个呢！

含苞待放

5月4日，第67天，晴。等啊等啊，我盯了两天，直到今天一早，花苞终于咧开了小嘴，露出了桃红色的微笑。

盛开

5月16日，第79天，晴。我的凤仙花高度达到了51cm，成了院子里最美的花，因为它开出了3种不同的颜色：浅粉白、双色桃红和浅紫红！位置靠下的花开放得早，雌蕊的小肚子已经鼓起来了，我知道，那里将发育成果实！

结果

6月4日，第98天，雷阵雨。花朵逐渐凋零，露出了嫩绿色的水滴形果实。果实的头部尖尖的，颜色较深。外皮毛茸茸的，十分可爱。它们都低着头，我想，这胖乎乎的小肚子里面肯定藏了不少种子！

采种

6月17日，第111天，多云。今天一早，我竟然在花盆旁的地上发现了破裂的果皮。难道果实已经成熟了？我轻轻摸了一颗胖胖的果实，它突然爆裂开来，弹射出好几粒种子，吓了我一跳。太神奇了，原来！凤仙花就是这样传播种子的呀！

我小心地摘下果实，采集种子。未成熟的种子是乳白色的，而成熟的是深棕色的，椭圆形，最大的直径4mm。我把深棕色种子收藏起来，打算明年春天再种。

6月6日，第100天，多云。最大的叶片长16cm，宽4.5cm。

最粗的茎周长3.7cm，最细的茎周长2.3cm。

最大的果实长2cm，宽1cm。

凤仙花色彩鲜艳，花头、花翅、花尾飞翘如凤。它是雌雄同株的双性花。

我用镊子解剖一朵花，看到了4片奇特的花瓣，以及被它们保护着的雄蕊和雌蕊。雌蕊的底部两侧，还有两片黄绿色的小萼片。

凤尾丝兰

凤尾丝兰为百合科丝兰属的常绿灌木。原产北美东部和东南部，耐寒、耐阴、耐旱也较耐强对土壤要求不严，可高达5米。

姓名：李浩辰
学校：北京第十二中学附属实验小学
指导老师：姜振敏，覃舒婕
时间：2022年9月18日 晴
地点：北京市丰台区绿洲家园

在小区玩耍时，我发现一株植物开花了，大约有1.7米高，乳白色成串的花，像铃铛一样倒挂着。我非常好奇这是什么植物？经上网查阅资料，我发现它叫凤尾丝兰，从下往上观察：首先看到它郁郁葱葱剑形的叶，叶有硬刺尖。往上是细长绿色的直立茎，上面开有成串的乳白色花。通过观察，查阅资料，记录，我对凤尾丝兰有了新的认识。

花

花瓣6片，长圆或椭圆形，有尖突，长4~6厘米，宽2~3厘米。

雄蕊

6片花丝片上部宽厚向外折，不伸出，花冠、花药箭头状，子房上位，二棱形。

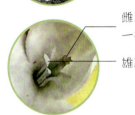

雌蕊是雄蕊的一部分
雄蕊

茎节

茎节膨大有叶芽。

茎节

叶

叶剑形，坚硬，挺直向上斜展，长40~80厘米，宽1~6厘米，顶端尖，硬基部扩展而抱茎，边缘齐，无叶柄。

花
茎
叶

圆锥花序，花乳白色，下垂，钟形，果椭圆卵形，下垂，不开裂。花期9~10月。

花的生长过程

花蕾浅绿色
花苞淡绿色
花乳白色
逐渐干枯后是深棕色

紫茉莉的一生

姓名：曹书凡
学校：北京市东城区和平里第四小学
指导老师：何燕玲

通过观察紫茉莉的一生，我发现，果然像课文中描写的那样，虽然它准时开放，但完全开放的时间是晚上九点。紫茉莉虽叫紫茉莉，但还有黄、白、橙三色，只是紫色最多。我还发现，我种的紫茉莉颜色单一，不像花坛有两种以上的颜色。在网上知道，紫茉莉是风媒授粉的花卉，不同品种易杂交，若要保持品种特性，应隔离栽培。

在三年级下册的语文课文《花钟》里写到："下午五点，紫茉莉苏醒过来。"我想知道，紫茉莉真的会在下午五点准时开放吗？于是，我亲自种下了紫茉莉，想通过实践来找到答案。

6月1日 星期三 晴 ①
我在装满营养土的花盆里均匀地种下紫茉莉种子，又喂它们喝饱水，然后把花放在窗台上，好让它们充分照射到阳光，快快生长。
紫茉莉种子，形状特殊，纯黑色的椭圆球形状，绿豆大小，表面皱皱巴巴的，像个迷你"地雷"。

6月6日 星期一 晴 ②
每隔三天，我就会给紫茉莉浇一次水，保持土壤湿润。今天浇水的时候，我惊喜地发现，有一对直径5毫米的嫩叶的叶子从土里钻了出来，像两颗相对的爱心。

7月10日 星期日 晴 ③
紫茉莉逐渐枝繁叶茂，花茎已长到豆芽一样粗细。叶片呈椭圆形，尾部略微有一点尖。成熟的叶子大约有4厘米长，2厘米宽。

9月10日 星期六 晴 ④
紫茉莉的花蕾三五成簇地聚在一起，像一个个等待发射的小火箭。当花蕾顶部膨大，能明显看到花的颜色时，就说明它快要开放了。

下午五点，紫茉莉的蕾微微张开了口。直径大约5毫米，可以看见花蕊了，和花朵的颜色一样。一朵是紫色，一朵是黄色。

晚上九点，它们就完全开放了。从正面看紫茉莉的花朵像一个五角星，从侧面看它们像在演奏乐曲的小喇叭。中间的五个花蕊，像龙爪一样朝上，绽放的花朵，好像在笑着对我说"你好呀！"

10月15日 星期六 晴 ⑤
紫茉莉的花朵在傍晚绽放，有的第二天早上就开始凋谢，花朵枯萎后，便结出了一粒椭圆形的绿色"果子"，像个小橄榄。原本包着花蕊的叶子现在继续包着这颗"果子"，像妈妈温暖的手温柔地捧着宝宝的脸。几天后，绿色的小"果子"变成了皱皱巴巴的黑色迷你"地雷"。原来这就是紫茉莉的种子。

核桃的一生

姓名：贾础宁
学校：北京市朝阳区呼家楼中心小学团结湖分校北校区
指导老师：袁梦初

我家楼下的花园里生长着两颗核桃树，又高又大，每次路过我都会抬头仰望它，春、夏、秋、冬，看着它发芽，开花，结果，心生喜悦。

3月20日
我家小区里的核桃树发芽了，长出了幼枝叶，叶片较薄，浅绿色，有的尖头是棕红色，叶缘上有许多小锯齿，摸上去软软的，很嫩。

01 萌芽

9月25日
果实成熟了，青皮颜色变深，有的在雨水的浇灌下变成了棕褐色，微微有点发黑，出现了裂口，里边的果实露出了小脑袋。

05 果实成熟

六七八月积累油脂

新叶
雌花
雄花

雌花在雄花后生长出来，当开到"八"字、花亮晶晶时是授粉最佳时机，我闻了闻，发现雌花没有花蜜。

核桃是靠风传播授粉的。

02 开花

4月18日
长得很快，已经有13~15cm长了，像毛毛虫，肉肉实实的，一串串地垂落下来。

03 果实成长

5月25日
核桃树上的核桃已经长大了，但是还没完全长大，核桃成椭球形，表面有许多斑点。

树叶呈长椭圆形，长约6~15cm，宽3~6cm，叶子顶端有点尖尖的，为奇数羽状复叶。

04

9月10日
核桃长大了，直径大约5cm，外边绿色的叫青皮，厚大约0.3~0.5cm，对里面的果实有保护作用。表面摸上去光滑，仔细看有无数个细小的小白点。

麻雀花

姓名：吴晟哲
学校：北京市海淀区上地实验小学
时间：2022年10月6日，中午12点左右
地点：国家植物园北园展览温室

神奇的"壶状"陷阱构造

国庆假期的第6天，我在国家植物园北园温室参观苦苣苔展，就在快要离开时，我却看到了一个大惊喜……

花主体为酱紫色和浅黄色

下唇较上唇约一倍

斑点在太阳的照射下闪闪发光

花两侧对称

斑纹像眼球，密集复杂

界：植物界	科：马兜铃科
门：被子植物门	族：马兜铃族
纲：双子叶植物纲	属：马兜铃属
目：马兜铃目	种：麻雀花

多年生草质藤本植物，因花型像麻雀而得名，可用作观赏。原产南美，花期秋季。

麻雀花的叶子也是马兜铃科典型的心型

我来的时候，已是秋天，正值麻雀花的花期，看到了满天的"小麻雀"正在藤上翩翩起舞。它们鼓起大大的胸囊，翘起紫色的尾巴，倒真像一只求偶的军舰鸟！总之，无论麻雀花像什么，它都十分可爱、奇特，令人赞叹大自然的神奇。

秋日寻松

姓名：李昕妍
学校：北京师范大学京师附小
指导老师：张续蓉
时间：2022年11月19日
地点：香山公园

没想到这个时间还能看到香山的枫叶，在蓝天下拍到的枫叶格外的好看呢！

原本以为要寻遍公园才能找到这三种松树，可是没想到在公园东门不远处就能全部找到，远远地也能通过看树皮、树冠来分辨它们了。

油松
表皮干裂成鳞片状，树干为棕色，有明显的主树干。它最多，山脚到山顶一路都可见油松。

华山松
树皮最光滑，呈青绿色。

量少，山脚、山腰、山顶只有几棵。

白皮松
从树干最好分辨，树皮成鳞状块脱落，远看就像穿着迷彩服。

从松针区分松树有个简单的口诀：油二、白三、华山五

长粗硬、两针一束 — 有叶鞘 — 油松
短细、三针一束 — 叶鞘脱落 — 白皮松
短细、五针一束 — 叶鞘脱落 — 华山松

松树下铺满了枯黄的松针，原来松针和其他叶子一样，也会变黄脱落，只不过，松树不停地长出新的松针，就能"常青"了。

油松松果
卵球形，表面有鳞片包裹。

油松松子
个头比较小。

华山松松果
果大而长。

这次没有找到白皮松松果，很遗憾，下次还要去找一找。

不期而遇的小松鼠，看它开心地在树尖跳来跳去，我猜它也很喜欢这片松林呢！

坚果百"嗑"

姓名：胡舒然
学校：北京第二实验小学浑水河分校
指导老师：李雪，李科佳，朱凌云
时间：2022年8月2日　晴

坚果答疑？？？

Q：坚果是什么？
A：坚果指的是有坚硬外壳的果实

Q：椰子是坚果吗？
A：不是，因为椰子是核果。坚果的果皮和种皮是分开的，椰子没有。

核桃（胡桃科）
核桃为了保护好娇气的种子，布下了重重防线：苦涩的青皮、坚硬不开裂的壳。

栗（壳斗科）
栗子的果壳外面其实还有一身尖刺壳斗，所以归入壳斗科。栗子并不像其他坚果那样脆生，而是糯糯的口感。

巴西松子（松科）
巴西松子的壳比较薄软，一捏就开，果仁细长。巴西松子是西藏白皮松的种子，在国内数量少，我们吃的基本都进口。

松子（松科）
我们经常吃的松子多来自红松，它的松塔上的"鳞"并没有完全把松子包住，变干之后松子就露出来了。

开心果（漆树科）
开心果，顾名思义，种子成熟后会像大笑张口一样自然开裂，没有熟的种子通常不会"开心"。开心果的果仁是绿色的，味道香脆甘爽。

杏仁（蔷薇科）
杏仁不仅有外壳保护，还有"苦杏仁苷"的保护，吃太多会产生有毒的氢氰酸。

榛（桦木科）
榛子口味又甜又脆，可是个头小又不好剥，毛榛还带毛刺，今天市场上大多都是杂交榛。

腰果（漆树科）
老家在南美洲，苹果型的果实下面才是腰果本尊。腰果的硬壳很坚韧，还带有强腐蚀毒液，很难剥。

坚果小贴士
1. 坚果越脆，脂肪含量越高，反之则脂肪含量少。
2. 夏威夷果对狗狗有毒，一定不要喂狗狗。
3. 黄色棕色框的坚果是木本坚果，绿框是草本坚果。
以上仅为市场常见坚果。

花生（豆科）
花生又名"落花生"，原因是花生的花在结出花生后会弯曲枝叶，将果实垂到地下。

葵花籽（菊科）
葵花籽是向日葵的种子，含有很丰富的油脂，味道香醇可口，是非常大众的坚果。

花生

葵花子

坚果

单果分为肉质果和干果，在干果这一类别中，又分为瘦果、坚果、颖果、角果、荚果、蒴果、双悬果（分果）、翅果、蓇葖果。

坚果的特征是果皮比较坚硬，里面只有一个由单个心皮成长发育而成的种子。

我们食用的坚果，是一种通称，按照脂肪含量的不同，坚果可以分为油脂类坚果和淀粉类坚果，前者富含油脂，包括核桃、榛子、杏仁、松子、香榧、腰果、花生、葵花子、西瓜子、南瓜籽等；后者淀粉含量高而脂肪很少，包括板栗、银杏、莲子、芡实等。

南瓜籽

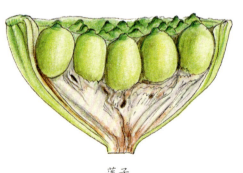

莲子

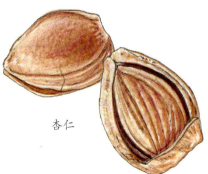

杏仁

巴旦木

榛子

松子

板栗

实际上，从果实类型而言，它们称为干果更合适，因为其中不仅有坚果，还有瘦果、荚果等，让我们从植物分类上重新认识它们吧！

花生属于荚果；葵花籽属于瘦果；南瓜籽属于南瓜的种子，松子是红松的种子，不属于果实；莲蓬属于聚合果中的聚合坚果，而非单果，每一颗莲子都是一粒果实；巴旦木和杏仁不属于干果，其实都是肉质果中的核果，它们的可食用部分为扁桃、杏种子的种仁；巴西坚果、榛子、开心果、板栗、核桃、腰果则是名副其实的坚果。只不过，市场上售卖的腰果，其实已经除去了它坚硬的果壳，我们吃的时候，也会搓掉它的种皮，在原产地，它的假果被称为"腰果苹果"（cashew apple），也是香甜可以食用的，由于每个腰果只能长出一个果仁，产量相对较少。

巴西坚果

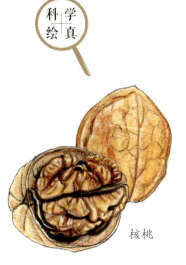

核桃

开心果

冬季部分松柏科植物及其果实

姓名：郭天依
学校：北京小学
指导老师：臧真颖

一、采集信息
采集时间：11月18日16:00~18:00　阴
采集地点：北京市西城区宣武艺园
二、科学观察及查阅资料

01　华山松

- 叶子五针成一束
- 松塔长在树的顶部
- 树顶长松塔，下层长雄果
- 松塔大而长
- 种鳞张开
- 种子饱满无翅

查阅资料
华山松的球果是圆锥形，长10~20厘米。幼时绿色，成熟时黄色或褐黄色。种鳞张开，种子脱落，果梗长2~3厘米，无翅或两侧无翅或两侧及顶端具棱脊。

通过现场观察、采集、对比、查阅资料确定松柏科植物和冬季果实的区别并进行记录。

02　白皮松

- 塔形或伞形树冠
- 叶子三针成一束
- 未发现果实或松塔

查阅资料
白皮松的雄球花卵圆形或椭圆形，球果通常单生，成熟前淡绿色，成熟时淡黄褐色，种子灰褐色，近倒卵圆形。4~5月开花，第二年10~11月球果成熟。

03　圆柏

- 雌雄异株
- 一棵树上发现黄色雄花
- 一棵树上发现雌性果球

查阅资料
圆柏幼叶为刺形，逐长为鳞形，三叶轮生或交互对称。雌雄异株，果球近圆形，表面有一层白色蜡状物质，表皮为绿色，成熟时褐色。

松杉柏类球果与种子

松、柏均属于裸子植物，裸子植物的"果实"比较特殊，形态为球果。

球果是大部分裸子植物所具有的雌球花，主要由不发育的变态短枝、胚轴、苞鳞、种鳞和种子组合而成，整体外形呈不规则的球形，所以称为球果，不同科属所生长的位置不一样。球果胚珠外面没有子房包被，在成熟之后，苞鳞和种鳞会裂开，里面的种子就会裸露在外面，故名裸子植物。

在功能方面，裸子植物的球果和被子植物的果实是一样的，都是以球果和果实为"摇篮"，培养、保护种子并传播出去。

上图中是松科、柏科、买麻藤科、麻黄科的种子颜色和形态。它们的胚珠均为轴生性，银杏科植物也有此特性，而苏铁科植物的果和种子来源于大孢子叶球。

松柏类植物的球果都具有种鳞和苞鳞结构，不同的是，松科植物的种鳞与苞鳞分离，而柏科球果的中轴缩短，种鳞与苞鳞愈合。

买麻藤科种子矩圆状卵圆形或者矩圆形，成熟时黄褐色或者红褐色，光滑，有时被有亮的银色鳞斑。麻黄科种子成熟时，盖被发育成革质或者肉质的假种皮，雌球花的苞片通常变成肉质，呈红色或者橘红色，包在种子的外面，像浆果的形状，俗称"麻黄果"。种子通常2粒，黑红色或者灰褐色，三角状卵圆形或者宽卵圆形，表面有细皱纹，种脐为明显的半圆形。

北京常见松树的辨别方法

姓名：刘诗晨
学校：北京第一实验小学
指导老师：康争
时间：2022年9月24日　晴
地点：北京植物园南园

辨别小口诀：油二白三华五，雪松乔松不可数。（指每种松多少针一束）
P.S. 雪松不是松属植物。

三针一束

五针一束

白皮松

学名：*Pinus bungeana*
松科松属乔木
高可达30m，胸径可达3m，球果常单生，4~5月开花，第二年10~11月球果成熟。

华山松

学名：*Pinus armandi*
松科松属乔木
高达35m，胸径1m，球果长10~20cm，直径5~8cm，花期4~5月，第二年9~10月球果成熟。

两针一束　树皮粗糙

松针下垂，不可数

油松

学名：*Pinus tabuliformis*
松科松属乔木
高达25m，胸径可达1m，球果卵形或卵圆形，长4~7cm，5月开花，第二年10月成熟。

乔松

学名：*Pinus wallichiana*
松科松属乔木
高达70m，胸径1m以上，球果圆柱形，下垂，花期4~5月，球果第二年秋季成熟。

秋山红叶 枫与槭

姓名：白梓誉
学校：北京市西城区三里河第三小学
指导老师：康立媛
时间：2022年10月29日 晴
地点：阳台山自然风景区

秋叶，让北国的秋天绚丽多彩。古代诗词中的枫叶美得让人沉醉，美得让人神往。然而主要分布在长江流域及以南地区的叫做"枫香树"。北方人们常说的枫树其实是槭树，因为树叶到秋天也会变成红色，所以人们把槭树当成了枫树。

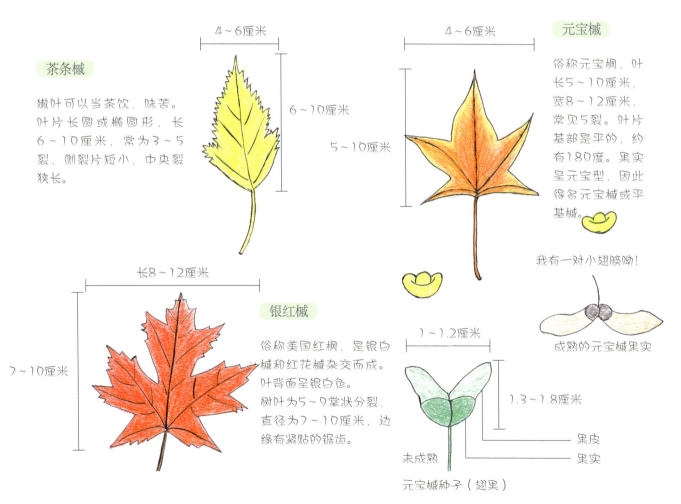

茶条槭
嫩叶可以当茶饮，味苦。叶片长圆或椭圆形，长6~10厘米，常为3~5裂，侧裂片短小，中央裂狭长。

元宝槭
俗称元宝枫，叶长5~10厘米，宽8~12厘米，常见5裂。叶片基部是平的，约有180度。果实呈元宝型，因此得名元宝槭或平基槭。

我有一对小翅膀呦！
成熟的元宝槭果实

银红槭
俗称美国红枫，是银白槭和红花槭杂交而成。叶背面呈银白色。树叶为5~9掌状分裂，直径为7~10厘米，边缘有紧贴的锯齿。

未成熟 元宝槭种子（翅果）
果皮
果实

绿萝成长记

姓名：王麓竣
学校：北京市朝阳区白家庄小学珑玺校区

花语：守望幸福，生命力顽强。

DAY 1　第1天

剪取一段枝茎，长度约10厘米，装在盛上二分之一干净水的玻璃瓶内。三天换一次水。等待生根。

DAY 7　第7天

水温接近室温、叶片不沾水、可加营养液，一周左右可见底部生白色胡须状细根。

DAY 30　第30天

一月以上，根系增多、增粗，叶片增长。不要直射阳光，放置在通风处。

DAY 60　第60天

现在我的绿萝枝繁叶茂。

大山雀—乌鸫—大斑啄木鸟—白头鹎

姓名：云嘉琪
时间：2022年9月11日
地点：国家植物园北园
天气：晴，31℃

这次植物园观鸟，在老师的指导下，我看到了一些从来没看过的鸟，比如大山雀，白头鹎，大斑啄木鸟，银喉长尾山雀等十几种鸟。还看到了翱翔在天空的猛禽。一棵看似普通的树上都能看到鸟儿们的身影，让我感受到了大自然的美。所以我们要爱护树木，保护环境，这样小鸟们才有舒适的家。

白头鹎体长17~22厘米。额至头顶黑色，两眼上方至后部白色，形成一白色枕环，耳羽后部有一白斑。虹膜褐色，嘴黑色，脚亦黑色。中国分布于长江流域及其以南广大地区，北至陕西西南部和河南一带。

大山雀

（远东山雀）
（雀形目山雀科，鸣禽）
体长13~15cm，头呈黑色，头两侧各有一大块白斑，成年体为蓝灰色，两肩黄绿色。下体白色，胸腹有一条宽阔的中央纵纹与颏喉黑色相连。大山雀在中国各地均为留鸟，部分秋冬季在小范围内游荡。

乌鸫

（鸫科雀形目，鸣禽）
体长21~29厘米，雄性乌鸫除了黄色的眼圈和喙外，全身都是黑色。雌性和初生的乌鸫没有黄色的眼圈，但有一身褐色的羽毛和喙。虹膜褐色，鸟喙橙黄色或黄色，脚黑色。在中国分布于西北、华北、青藏高原边缘、西南、华北、东南、华南的广东区域。

（乌鸫2号）

（乌鸫1号）

白头鹎

（雀形目鹎科，鸣禽）
大小与麻雀相近，鸣声悦耳。

大斑啄木鸟

（啄木鸟目啄木鸟科，攀禽）
体长20~25厘米，上体主要为黑色，额、颊和耳羽白色，肩和翅上各有一块大的白斑。尾黑色，外侧尾羽具黑色相间横斑，飞羽亦具黑白相间的横斑。下体污白色，无斑；下腹和尾下覆羽鲜红色。雄鸟枕部红色，分布范围非常大，较常见，中国大部分都有。

自然笔记——喜鹊

姓名：崔文悦
学校：北京第一实验小学
指导老师：吕蕊
时间：2022年11月26日~11月27日　晴朗，阵风
地点：紫薇公园，黄草湾公园

喜鹊在中国是吉祥的象征，代表喜事临门。自古有画鹊兆喜、喜登高枝的风俗。喜鹊还是韩国的国鸟。

头、颈、背和尾上覆黑色羽毛。

初级飞羽是白色的，羽端有黑色带蓝绿光泽。

次级飞羽是黑色具深蓝色光泽。

腹部羽毛为纯白色。

尾羽黑色，具深绿色光泽。

喜鹊的叫声是"喳喳喳喳"，意为"喜事到家"。

拓展：除了南美洲、大洋洲与南极洲外，喜鹊几乎遍布世界各大陆。

喜鹊 "报鹊"

喜鹊（Pica pica）：是鸦科鹊属的一种鸟类。体长40~50厘米，头、颈、背至尾均为黑色，上腹和肩羽两胁纯白色，留鸟。在中国是吉祥的象征，自古有画鹊兆喜的风俗。

姓名：邱凡轩
学校：北京市西城区复兴门外第一小学
指导老师：郭硕
时间：2022年11月18~20日
地点：北京市西城区甲7号院社区及月坛街道
天气：晴朗，无风

喜鹊在除了繁殖期间成对活动外，常成3~5只小群活动，秋冬季节常集成数十只的大群。白天常到农田等开阔地区觅食，常雌鸟取食而雄鸟守望，食性较杂。夏季主要以昆虫为食，其他季节则以植物果实与种子为食。常见食物有蝗虫、蚱蜢、金龟子、甲虫、松毛虫、蚂蚁、蝇、蛇等昆虫与幼虫，也吃雏鸟与鸟卵以及玉米、高粱、黄豆、小麦等农作物。

喜鹊常出没于人类活动地区，山村、平原、城市随处可见它们的身影，世界上除南极洲、非洲、南美洲及大洋洲外均有分布。

小型昆虫

谷物豆类

头、颈、背和尾上覆羽辉黑色，颏、喉和胸黑色。

肩羽白色。

上腹和两胁纯白色；下腹和覆腿羽乌黑色；腋羽和翅覆羽淡白色。

次级飞羽黑色具深蓝色光泽。

嘴、跗蹠和趾均黑色。

尾羽黑色，具深绿色光泽，末端具紫红色和深蓝色宽带。

筑巢

喜鹊繁殖开始较早，在气候温和地区，一般3月初即开始筑巢，东北地区3月中下旬开始繁殖，一直持续至5月。多在高大乔木如柳树、榆树或公路村庄旁的大树上营巢。其巢近似球形，外层为枯树枝，间有杂草与泥土，内垫有草根、麻、羽毛等柔软材质。巢在高大的树冠顶端极其显目。

喜鹊在中国是一种象征吉祥安宁的鸟，也是我最喜欢的一种鸟类。利用课余时间，十一月十八、十九、二十日，我走访了我所居在的社区及月坛街道，观察并记录喜鹊的生活，创作了这一篇自然科学笔记。快来跟随我的介绍一起去了解喜鹊这个可爱小家伙的生活吧！

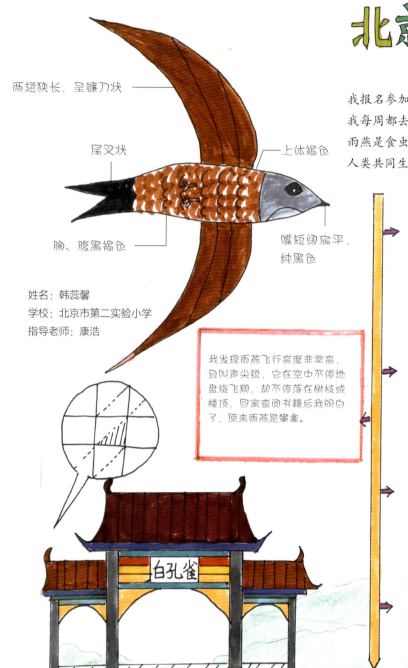

北京雨燕
回家记

我报名参加了北京雨燕科学研究调查项目的志愿者。我每周都去白孔雀艺术世界门前观察记录雨燕。北京雨燕是食虫益鸟,我们要保护生态环境,保护雨燕和人类共同生存的大家园。

- 两翅狭长,呈镰刀状
- 尾叉状
- 上体褐色
- 胸、腹黑褐色
- 嘴短阔扁平,纯黑色

姓名:韩蕊馨
学校:北京市第二实验小学
指导老师:康浩

我发现雨燕飞行高度非常高,且叫声尖锐,它在空中不停地盘旋飞翔,却不停落在树枝或楼顶,回家查阅书籍后我明白了,原来雨燕是攀禽。

2022年4月1日,我报名参加了北京雨燕科学研究调查项目的志愿者。

时间:2022年4月8日
地点:白孔雀艺术中心(西城区)
天气:晴,18℃,微风
记录人:韩蕊馨

我在白孔雀门前观察到了该观测点今年第一只雨燕,雨燕飞回来啦!我无比激动!总算没有白白等待7天!

4月8日晚6:08,我发现雨燕回到了白孔雀门前古建筑的房檐下,是在第二层第三个洞口,原来这是它的家。

北京雨燕体长16~17厘米,是夏候鸟。今年共有11只雨燕在白孔雀安家。它们今年繁育了2只宝宝。2022年7月18日,雨燕飞走了,期待明年我们再相见!

北京雨燕

雨燕目雨燕科

姓名：胡雅惠
学校：北京市第一实验小学
指导老师：孙晓春
时间：6月 多云
地点：前门

Apus apus pekinensis

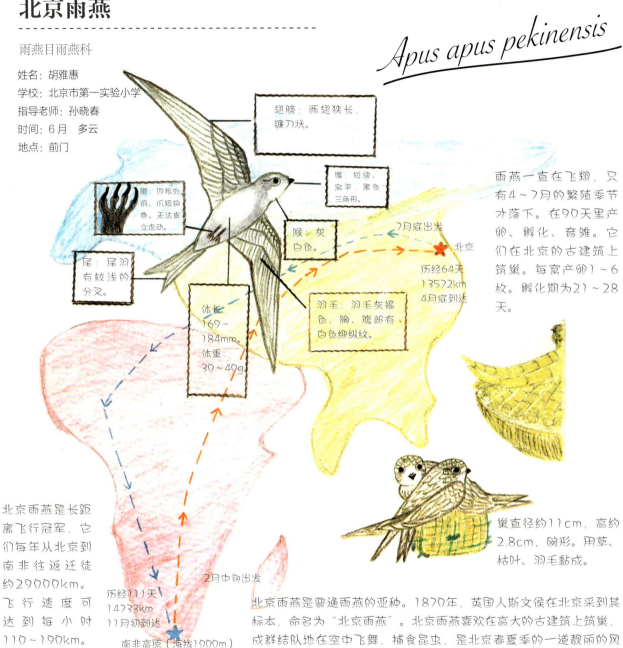

翅膀：两翅狭长，镰刀状。

嘴：短阔，扁平、黑色三角形。

脚：四指向前，爪短钩曲。无法直立走动。

喉：灰白色。

尾：尾羽有较浅的分叉。

体长：169～184mm。
体重：30～40g。

羽毛：羽毛灰褐色，胸、腹部有白色细纵纹。

7月底出发
北京
历经64天
13572km
4月底到达

历经111天
14733km
11月初到达
南非高原（海拔1000m）

2月中旬出发

雨燕一直在飞翔，只有4～7月的繁殖季节才落下。在90天里产卵、孵化、育雏。它们在北京的古建筑上筑巢。每窝产卵1～6枚。孵化期为21～28天。

北京雨燕是长距离飞行冠军，它们每年从北京到南非往返迁徙约29000km。飞行速度可达到每小时110～190km。飞经亚洲和非洲的37个国家。

巢直径约11cm，高约2.8cm，碗形。用草、枯叶、羽毛黏成。

北京雨燕是普通雨燕的亚种。1870年，英国人斯文侯在北京采到其标本，命名为"北京雨燕"。北京雨燕喜欢在高大的古建筑上筑巢，成群结队地在空中飞舞，捕食昆虫，是北京春夏季的一道靓丽的风景。它可爱的形象被设计成奥运吉祥物妮妮。由于城市空气污染和古建筑改造，使北京雨燕数量减少，我们应该为雨燕营造更好的生存环境，与可爱的北京雨燕和谐相处。

翼展可达150~190cm

腿向后伸直

飞行时脖子缩起

鸟纲鹭科鹭属
有"三长"特点，喙长、脖子长、腿长。经常在水边一动不动地等猎物上钩。一旦有猎物靠近，就用喙啄向猎物。

苍鹭——"长脖老等"

姓名：常雅茜
学校：北京市大兴区德茂学校
指导老师：冯爽
时间：2022年8月11日 晴
地点：麋鹿苑

苍鹭

苍鹭是鸟纲鹭科鹭属的一种涉禽,它的头、颈和腿都很长。其上身主要为灰色,脖颈上有一条纵纹,其余颈部为灰色。眼睛下方和翅膀根部各有一块黑斑。头、胸和背大都呈淡灰色。苍鹭多在浅水区觅食,主要捕食鱼和青蛙,也吃哺乳动物和鸟。

姓名:李翊玄
学校:北京市西城区五路通小学
指导老师:张蕾
时间:2022年7月4日 多云
地点:人定湖公园

喙长且强壮,尖端呈淡黄色,根部呈橘黄色。

脖颈长且弯曲像一个反向的"S"。

腿细长,像一根竹杆,约占体长的五分之二。

鸟卵和雏鸟

卵

刚产出的卵为蓝灰色,之后逐渐变白。卵是椭圆形的,长约6.4厘米,宽约4.3厘米。

雏鸟

雏鸟刚孵出时,只有头、颈和背部有少许绒羽,其他地方裸露无羽,体长约13厘米。

我是来自西城区五路通小学五年级二班的李翊玄。在本次自然笔记观察活动中,我选择的主题是"苍鹭",我第一次见到苍鹭是在一个公园里。当时是七月份,我和爸爸在公园里玩球,在回来的路上发现在一个湖的旁边围着许多人,走近了才发现,在湖中央的一根柱子上站了一只"大鸟"。听周围的人说那只"大鸟"的名字是苍鹭。当时我就对苍鹭产生了浓厚的兴趣。并用手机拍了好几张照片,后来我也多次到那个公园去观察苍鹭。经过几次的细致观察,我发现了苍鹭的三大特点:一是喙很长,二是脖子是弯曲的,三是腿是细长的。因此,在笔记的上部我用彩铅绘制了一个苍鹭的外形,并把喙、脖和腿做了详细介绍。之后我又查阅了一些有关苍鹭的资料,与我所观察到的进行了结合,在右上角写了一个苍鹭的简介。而左下角是我根据查阅到的有关于苍鹭的鸟卵和雏鸟的信息所整理成的介绍。通过这次的自然笔记观察活动,我知道了更多关于苍鹭的知识并且更加热爱大自然了!

在我家小区经常能看到戴胜,这是戴胜科戴胜属的一种漂亮的鸟,它的嘴又细又长,头顶羽冠打开的时候像一把小扇子,合起来又像一个小楔子。身体前半部黄褐色,后半部和翅膀有黑白相间的花纹。戴胜虽然长得像啄木鸟,但它喜欢在地上找虫子。

2008年成为以色列国鸟

"臭美鸟"——戴胜

姓名:孙朴涵
学校:北京市丰台第八中学附属小学
指导老师:孙文九,陈红岩
时间:10月5日 晴
地点:富锦嘉园

戴胜还有一个名字——臭姑姑,因为它太臭啦。它们从不清理巢里的粪便,加之雌鸟在孵卵期间又从尾部腺体中排出一种黑棕色的油状液体,弄得巢里更脏更臭啦。

dài
戴胜 自然笔记
shèng

姓名：张怡宁
学校：北京市朝阳区呼家楼中心小学团结湖分校北校区
指导老师：袁梦初
时间：2022年11月5日 晴
地点：地坛公园

周末和妈妈去地坛公园，在草地上偶遇了一只鸟。开始时看见它尖尖的嘴还以为是啄木鸟，但很奇怪它为什么在地上走来走去，在地上找吃的。后来是公园里的管理员告诉我，它是国家二级保护动物—戴胜。回到家，我就收集资料，以自然笔记的形式记录了这只有意思的鸟。

美

名字的由来

"戴"是头戴之意，"胜"是指古代女性的一种华丽头饰——"华胜"。古人看到这种头上长有羽冠的鸟时，感觉很像妇头戴华胜的样子，便称"戴胜"。

受到惊吓时头顶羽毛像花扇一样有序地前后打开。

戴胜鸟的嘴极为细长、向下弯曲。很容易被误认为是啄木鸟。但戴胜鸟的嘴啄不了木头，主要是为了在土里找虫子吃，细长的嘴可以把地里的小虫子揪出来，它们喜欢边走边觅食。

细长的嘴可以把壳挑去。

中文名：戴胜
别名：臭姑姑、鸡冠鸟
目：犀鸟目
科：戴胜属
体长：26～28厘米
体重：55～80克
翼长：42～46厘米
戴胜头、颈、胸淡棕栗色，下背黑色并染有淡棕白色横宽纹。

臭

戴胜外表华丽、优雅，看上去像一位绅士。但是却还有一个别名—臭姑姑。是因为它常吃有臭味的虫子，并且常把它的窝弄得很臭。

臭味可以驱赶天敌

珠颈斑鸠

姓名：柏语瑄
学校：北京第一实验小学
指导老师：桂峤
时间：2022年11月28日下午　多云转晴
地点：自家阳台

这个是我11月28日在阳台上发现的两只珠颈斑鸠，我用手机拍了下来并进行了测量。绘制成了这张自然笔记。我觉得这件事很有趣。既能记录下我观察到的鸟类，又特别有价值。创作时，我通过图片画出了这只珠颈斑鸠。还为它添加了背景、题目和文字说明。通过这次尝试，我以后会用更多时间来记录身边大自然中的美好，积累知识丰富生活。

珠颈斑鸠是鸽形目鸠鸽科斑鸠属的鸟类。俗称"野鸽子"，颈部有许多小白点，像珍珠一样整齐地散落下来。下午我在阳台的栏杆上发现了两只雄性珠颈斑鸠。它的身形偏长，喙是黑色的，脚是红色的，眼睛周围有橘黄色，羽毛是灰白色的。它的叫声是很响亮的"咕咕"声。长约30cm。

天坛公园的 5 种啄木鸟

姓名：黄与白
学校：北京第二实验小学
指导老师：刘妍
时间：2022 年 9 月 4 日上午 7:30 ~ 12:30
地点：天坛公园
天气：阴转多云，19 ~ 29℃，湿度 32%
记录：灰头绿啄木鸟 1 只、大斑啄木鸟 1 只、棕腹啄木鸟 1 只、蚁䴕 1 只、星头啄木鸟 1 只。

9月4日上午，我和妈妈去天坛观鸟。我们一共看到了5种啄木鸟。最激动人心的是发现蚁䴕。在西北角的草地上，我们突然看到一只与众不同的鸟，它个头不大，有深色的贯眼纹，羽毛像斑驳的树皮，是蚁䴕！它在北京可不多见，迁徙季节才过境北京。

背上有黑粗纹
尾羽有横斑
胸腹有细横纹

蚁䴕 又名蛇皮鸟

背部有黑白斑点

棕腹啄木鸟

在科普园附近的大榆树上，我们发现了一只棕腹啄木鸟。它腹部棕色，乍看和大斑啄木鸟很相似，个头也差不多，区分要看背面。大斑啄木鸟肩背有大白斑，而棕腹啄木鸟背部是相对规律的黑白斑点。它也是不多见的过境旅鸟。

我是2022年暑假正式开始观鸟的,第一次就是去天坛公园。几个月来,我大概去了七八次天坛公园,每次都有不同的收获。在这个秋迁季,我在天坛公园看到了5种啄木鸟,其中蚁䴕和棕腹啄木鸟是"新朋友",灰头绿啄木鸟、大斑啄木鸟和星头啄木鸟是"老朋友"啦。我觉得这些啄木鸟各有特色,所以我就想用照片和画画结合的方式把它们都记录下来。

背部有大白斑

大斑啄木鸟

在月季园附近,我们听到了一阵很大的"笃笃"声,抬头一看,原来声音来自树上的一只大斑啄木鸟。它是北京最常见的啄木鸟。

黑色眼线

头顶有红色

灰头绿啄木鸟

头顶无红色

尾下覆羽无红色

星头啄木鸟

最后看到的是星头啄木鸟。它背部羽毛是黑色的,上面有白色斑点,腹部羽毛是棕色的。它是这五种啄木鸟中个头最小的。最后这3种都是北京的留鸟。

在天坛西门附近的草坪,我们看到一棵大树根部趴着一只灰头绿啄木鸟,它是这5种啄木鸟中体型最大的。

黑水鸡——
凌波微步的大脚丫

姓名：王思嘉
学校：北京师范大学朝阳附属学校
指导老师：周宇琦
时间：2022 年 11 月 6 日　阴
地点：圆明园

我看到的第一只黑水鸡是在湖边。一开始不认识，感觉它像一种鸭子。可又发现它的叫声比鸭子响亮动听许多。后来才知道它叫黑水鸡。它身上的毛呈灰棕色，嘴巴为灰蓝色，这是黑水鸡的亚成鸟（指还未性成熟的鸟，一般只有大型鸟会经历这个阶段）。完全成年的黑水鸡主要以水边生长的植物、鱼虾等为食，有时也去草地上觅食，遇到危险便迅速潜入水中，可是个"潜行高手"呢！大多数黑水鸡都履行一雌一雄的婚配制度。每窝产卵6~10枚，通常每天产一枚蛋，偶尔隔天产一枚。

黑水鸡

- 红色额甲
- 缘端黄绿色
- 黑色羽毛
- 红色的环带
- 黄绿色腿脚
- 白色的覆羽

叫声轻脆明亮，短促有力，有些像公鸡的音量和鸽子的音长融合出的一种声音。十分有特色。

巨大的脚丫的作用与特点

虽然脚丫足够大，上面却没有蹼，所以它游起泳还是有些吃力的，似乎总是努力将脖子脑袋一伸一缩，向前配合着水下正划水的脚。
到了繁殖季节，这对大脚便会成为争夺配偶的利器。平时也能轻巧地抓住脆嫩的茎秆，让其享用。

去圆明园那一天，令我印象最深的便是黑水鸡了。一开始一直以为它是一种鸭子或天鹅。后来才认识了它。我见到的第一只黑水鸡非常漂亮。它的羽毛光亮、干净、有层次感。仿佛还在快乐地对我笑。我在创作中，主要围绕着观察到的现象，辅以从网上搜集的一些资料作为主要内容。

黑水鸡档案
拉丁学名：*Gallinula chloropus*
分类：鹤形目秧鸡科水鸡属
繁殖季节：4~10月
体长：24~25厘米
体重：340~530克
保护级别：二级
英文名：common moorhen

巢材大多为前一年或当年的水草、芦苇等植物制成。形状为碗状、杯状或塔状。

卵呈椭圆形，乳白色或紫灰色，点缀着黄褐色的斑点。

终于，鸟宝宝出壳了。刚孵出的鸟宝宝通体有黑色稀疏的羽毛。

巢址一般在距河岸边不远处、安静隐密的地方。

嘴和父母一样也是红色的，就是头有点儿秃。不过，它们在孵出的当天就能游泳了。

观鸭记

姓名：李首辰
学校：北京雷锋小学
指导老师：周宇琦
时间：2022 年 9 月 18 日
地点：翠湖湿地公园
记录对象：鸭类

我家就住在西海旁边，那里有很多鸭子，我对它们很感兴趣。所以，我这次去翠湖就格外关注了鸭子。我希望能通过这份作品让更多人懂得保护小动物、懂得保护环境。

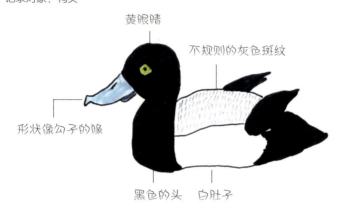

名称：斑背潜鸭
学名：*Aythya marila*
体长：42～47 厘米
翼展：68～75 厘米
体重：750～1350 克
分类：中等体矮型鸭

名称：绿头鸭
学名：*Aanas platyrhynochos*
体长：47～62 厘米
体重：约 1 千克
分类：游禽，大型鸟类

名称：斑头秋沙鸭
学名：*Mergellus albellus*
体长：约 42 厘米
分类：水鸭

水虿

别名：蜻蜓稚虫。
分类地位：动物界节肢动物门昆虫纲蜻蜓目

姓名：刘弈豪
学校：北京市东城区和平里第四小学
指导老师：焦艳
时间：3月13日　晴

水虿是蜻蜓的稚虫，从出生到羽化之前都生活在水里。去年3月13日，我无意中发现了一只水虿，我决定把它养起来，经过两个月的精心呵护，它成功羽化了，我们将它放生了，希望它能顺利孕育下一代。

① 2022年3月13日，我在十里河花鸟鱼虫市场的黑壳虾饲养缸里发现了一只水虿，商家并不清楚这是什么，就把它送给了我。

② 我发现它是一个非常凶猛的捕食者，对小鱼小虾完全不会手下留情。

③ 4月10日，我发现水虿竟然蜕壳了，根据科普书上的内容，我推断它已经成为了终龄稚虫，再过一个月左右就应该羽化成蜻蜓了。

④ 后来的这段时间它很安静，时而趴在树枝上思考虫生，时而头朝下把尾部探出水面呼吸几口。捕食也不再积极。

⑤ 5月6日，水虿终于羽化了！它的成虫是传说中漂亮的碧伟蜓。

蟋蟀—洋辣子—螳螂—石龙子

姓名：江睿译
学校：北京市朝阳区第二实验小学管庄小区
指导老师：周宇琦
时间：2022 年 8 月 27 日
地点：怀柔神堂峪山水步道
天气：晴，早晚凉爽、中午略感闷热

蟋蟀

上午9:10，我在杂草中发现一只蟋蟀。黄褐色，大约3厘米长。我想凑近仔细观察，可它听到响动，便警觉地一蹦一跳地逃走了。

洋辣子

9:35，在树叶上发现一只漂亮的洋辣子。大约4厘米，长条形，黄绿色的身上长着一簇簇黄绿色的刺，后背还有一条耀眼的亮蓝色条纹。据说它的刺有毒，碰到皮肤上会觉得火辣辣的，我没敢碰。

螳螂

10:20，在木栈道上发现螳螂一只。全身绿色，头是三角形。我用小木棍碰它一下，它举起两把"大刀"向我示威，看起来很是厉害，可是，我不怕你，嘿嘿！

石龙子

10:45，在石头上发现一只"小蜥蜴"，大约10厘米长。身体为黑棕色，尾巴是蓝色，从头到尾连接着几条黄色的细纹。我用登山杖碰了它一下，蓝色的尾巴居然断掉了，这节断掉的尾巴还一蹦一跳的，吓了我一跳。

我喜欢在大自然里玩耍，观察有趣的动植物。与大自然精灵的每一次邂逅，都是美妙的奇遇。

🟢 **蟋蟀**

昆虫纲直翅目。俗称蛐蛐、叶鸣虫。左右两翅一张一合，相互摩擦可发出悦耳的鸣叫，是农业害虫，破坏植物的根、茎、叶、果实和幼苗。

时间：2022年8月20日
地点：顺义汉石桥湿地公园
天气：晴，炎热

🟢 **洋辣子**

是鳞翅目刺蛾科昆虫，褐边绿刺蛾的幼虫，是常见的食叶害虫。低龄幼虫取食下表皮和叶肉，留下上表皮，被害叶呈网状。

🟢 **螳螂**

昆虫纲螳螂目。俗称刀螂，是肉食性昆虫，以捕捉其他昆虫为食，并且交配时会出现雌性吃掉雄性的现象。它是农林业益虫。

每次去郊游，都是跟各种小生灵的一场奇遇，它们是那样可爱，我喜欢仔细观察它们的一举一动。

🟢 **石龙子**

爬行纲有鳞目蜥蜴亚目石龙子科。昼行性地栖型蜥蜴，活动具有明显季节性，夏季常见，主要以昆虫为食。捕食害虫，有益于农林业。

🟢 **络新妇蛛**

蛛形纲圆蛛科。体色美丽，腹部和背面有鹅黄色和银白色的斑纹，腹面有两条花纹，足有黑白相间的轮纹，通常在篱笆或草丛边结网，捕食昆虫。

褐边绿刺蛾，别名青刺蛾、褐缘绿刺蛾、四点刺蛾，俗称洋辣子，属昆虫纲有翅亚纲鳞翅目刺蛾科。褐边绿刺蛾广布全国各地，幼虫取食叶片。低龄幼虫取食叶肉，仅留表皮，老龄时将叶片吃成孔洞或缺刻，有时仅留叶柄，严重影响植物生长。寄主植物广泛，为害油桐、茶树、桑、核桃、苹果、梨、柑桔、桃、李、樱桃、山楂、枣、柿等植物。

图中成虫体长15~16mm，翅展约36mm。触角棕色，雄栉齿状，雌丝状。头和胸部绿色，复眼黑色，雌虫触角褐色，丝状，雄虫触角基部2/3为短羽毛状。胸部中央有1条暗褐色背线。前翅大部分绿色，基部暗褐色，外缘部灰黄色，其上散布暗紫色鳞片，内缘线和翅脉暗紫色，外缘线暗褐色。腹部和后翅灰黄色。

褐边绿刺蛾（洋辣子）
Parasa consocia

螳螂

螳螂，螳螂目（Mantodea）昆虫，亦称刀螂，是一种无脊椎动物，属于肉食性昆虫。

螳螂与蜚蠊目同属于网翅总目。有些螳螂在外型上与竹节虫（竹节虫目）、蝗虫（直翅目）或是螳蛉（脉翅目）相似，因而易被混淆。多数螳螂为伏击型掠食者，部分种类则会主动追击猎物。一般而言，螳螂的寿命约一年，在一年一世代的种类中，雌螳螂通常于秋季产下卵鞘后死亡，其后代则受卵鞘的保护以度过冬季。

螳螂家族是非常庞大的，目前已知的螳螂种类就达到了2000多种，其中比较常见的有中华大刀螂、广斧螳螂、刺花螳螂、枯叶螳螂、薄翅螳螂、狭翅大刀螳螂、金属螳螂等等。

中华大刀螂是我国本土名气最大的一种螳螂，雄螳螂体长可以达到6~9厘米，而雌螳螂的体长可以达到6~12厘米。中华大刀螂最声名显赫的就是它的一对大刀，上面附着着一排坚硬的锯齿，末端带有钩子，一旦抓住猎物，则没有逃脱的可能。这种螳螂的繁殖能力很强，雌螳螂一生可以交尾很多次，而雄螳螂如果没有在交尾的时候被新娘咬断脑袋，也是没有交尾次数限制的。国内分布：安徽、江苏、北京、河北、福建、浙江、四川、广东、台湾、湖南。

黄粉鹿花金龟（雄性）

一种长着"鹿角"的花金龟。

姓名：朱梓恩
学校：北京朝阳区白家庄小学珑玺校区
指导老师：陈鸽
时间：2022 年 6 月 12 日 晴
地点：北京植物园

雄性黄粉鹿花金龟喜欢四足腾空，张牙舞爪地做出威吓状，威风凛凛的样子。可投喂苹果、桃子、梨等甜甜的水果。

小名片

黄粉鹿花金龟，金龟科花金龟亚科鹿花金龟属动物，成虫体长19~25毫米，体中大型，略呈卵圆形。体黄色或棕黄色，体表被黄色或黄白色霜状层，常常腹面比背面厚。前胸背板有一对黑色光洁带。雄虫唇基发达，呈鹿角状。雌虫不发达。成虫取食树汁。

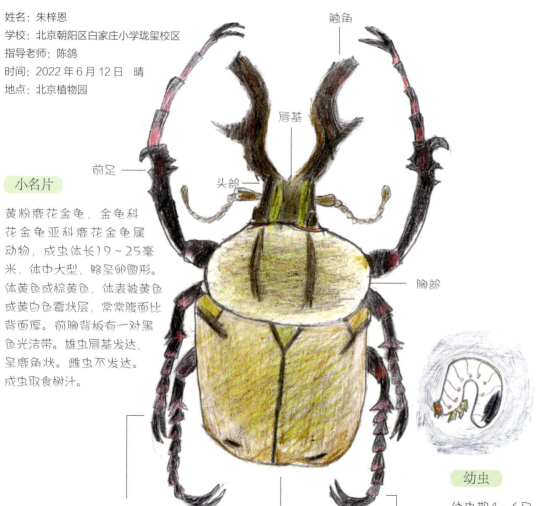

幼虫

幼虫期4~6月，成虫羽化后会蛰伏到来年春天。成虫5月初出现，6~7月为发生盛期。

北京分布着一种常见的炫酷甲虫——黄粉鹿花金龟。雌雄头上的角状物形似鹿角，十分威武，是我酷爱的甲虫之一。

夏日虫鸣

姓名：章牧仟
学校：北京市西城区厂桥小学
指导老师：梁冬梅
时间：2022年5月8日（立夏） 晴
地点：北京平谷胡观路上

在这里发现一只叶甲。它的肚子为什么这么大呢？因为它要产卵了！它的肚子里面有好多好多的宝宝。看它多辛苦啊，背着这只"超大育儿袋"在野外游荡。

这是一只黑胸红翅红萤，全身基本为红色，尾部略尖，成体锥形，略扁，头略小，而且萤火虫还是它的"近亲"呢！

路边的小草上趴了一只白色的小蛾子。它背上是灰绿和白的搭配，就像层层叠叠灰白色的花。这样的花纹是不是显得很可爱呢？！

这只黑黑的小昆虫是一只象甲，象甲可是我最喜欢的昆虫之一，长长的鼻子与身上西瓜形的条纹显得特别可爱。而且，象甲是一种会"装死"的昆虫，这样掉到地上，敌人就找不到它了！

这只若虫，正趴在树叶上蜕皮呢。蜕皮后就会变成非常美丽的金绿宽盾蝽。

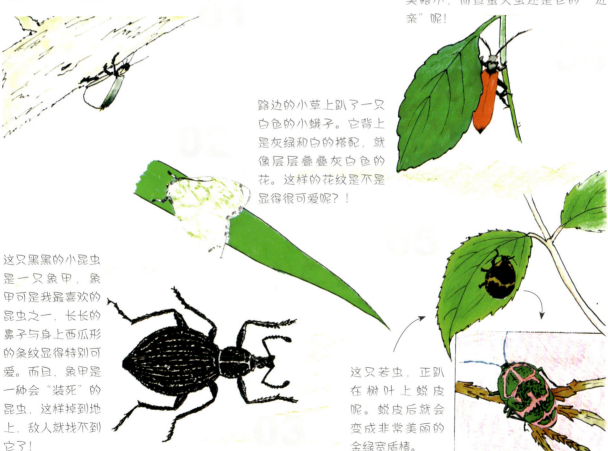

姓名：付玥涵

岩石的分类

姓名：黄启真
学校：北京小学广内分校
指导老师：孙宏

我从小特别喜欢各种石头，简直是走到哪捡到哪。

长大后，妈妈带我出国，我到国外海边，见到一块珊瑚化石，当宝贝一样带回来。爸爸还特意搜索北京周边的奇石和各种矿石挖掘地。我们一起挖掘了黄铁矿，也就是图中左下角的照片。也叫"愚人金"，大石头里镶嵌着大大小小的金色正方体，就是它。

看着我长大的叔叔阿姨，知道我的爱好，也会送我些好玩的石头。我得到过玉石原石，还有那种中间是个孔洞的紫水晶，也曾经去博物馆，听过陨石讲座，得到两枚很小的铁陨石。

这个爱好一直伴随着我成长。我还会继续捡石头，爱石头。

珊瑚石

长6.1cm，宽4.5cm，高5.6cm
采于越南猴岛是珊瑚的化石不断由海浪冲击，变成圆形，表面有许多的孔洞。

蓝田玉

长16.4cm，宽5.1cm，高12.3m
蓝田玉的矿床位于蓝田县红门村一带，含岩层为黑云母片岩、闪片麻岩和方解岩组成。大部分呈现出蓝青色。

岩石的分类

分别是：氟石，孔雀石，芙蓉石，木化石，黑云母片石，户县石，石英石，灵碧石，昆山石，千层石……

- 5～40km地壳层
- 870℃，2900km地幔层
- 2200℃，5150km外核
- 6800℃，6371km内核

黄铁矿

长9.2cm，宽3cm，高8.1cm
捡于门头沟王平口村。黄铁矿（FeS_2）因像黄金。故被称为"愚人金"，成分含有钴、镍和硒等。具有$NaCl$晶体结构，成分相同于白铁矿。还含有铜、金等微量元素。

石英

长10.1cm，宽7.2cm，高10.4cm
采于北京香山。石英是矿物中最多的一种矿物，石英无色透明，是一种三方晶系的矿物，可以做芯片。

7~9年级组

平凡中绽放绚丽——紫茉莉

俗称胭脂花、地雷花等。中国南北各地均有栽培，属于被子植物门双子叶植物纲石竹目紫茉莉科紫茉莉属。根、叶可供药用，有清热解毒、滋补的功效。

姓名：王孟端
时间：2022 年 8 月 22 日，早晨 8:13
地点：兴康家园

我家楼门口，有一个荒废的小池子，夏天竟开出了朵朵绚烂的花。

- 未绽放的花苞，较小，可能刚长出。
- 周围叶片有残缺，天生或虫蛀。
- 已凋零的花苞，应于几天前开放过。
- 未绽放的花苞，可能于明后天绽放。
- 卵形或卵状三角形叶片，全缘，叶脉隆起，可入药，清热解毒。
- 已有花粉，周围还有蜜蜂采蜜。
- 花傍晚至清晨开放，在烈日下闭合。有香气。总苞钟形，几朵簇生顶端。

绽放中的紫茉莉花

正午时分，受强光照射未开放的紫茉莉花。

- 颜色画重了，实应为淡黄绿色。
- 均为黑色，有小凸起。

紫茉莉的种子

卵圆形，黑色，表面有褶皱，形似地雷，干后可碾为白色粉末，可去面部粉刺。

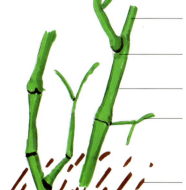

- 茎为绿色，圆柱形，多分枝，草本，最长可至1米。
- 节稍膨大，底部有少许土色。
- 主茎较粗，运输水及无机盐能力较强。
- 叶柄细长，主要是下部长，上部较短。
- 根深扎土壤，肥粗，倒圆锥形，黑褐色。——示意图
- 土壤略干，这或许导致了这株紫茉莉不是很茂盛。

紫茉莉的茎（未画叶）

胭脂花的颜色
（由于印染，暗淡了许多）

胭脂花的颜色十分鲜艳，可以用来制作胭脂，但是如此美丽的花朵只在寂静的夜晚绽放，不在阳光明媚下将所有的美丽展示给他人。这正启示我们，为人不要过于张扬，要懂得内敛，外在的表象不能代表一切，内核才是值得骄傲的。

水边佳人 —— 水毛茛

姓名：张书源
学校：北京市育才学校
指导老师：郭延雪

北京水毛茛是北温带罕见的整株越冬的草本植物，仅生活在寒冷地区和山涧溪流中。我从独特的叶片形态入手，着重表达了水毛茛的主要特征和生长习性以及它的重要地位。我们每个人都应该保护水毛茛，尤其是保护它的生长环境。

❀ 北京水毛茛是北京的"植物名片"，为二级保护野生植物，是北京地区唯一受国家法律保护的水生植物。

❀ 它只有在六月份开花的时候，花朵才会露出水面，有利于授粉和繁殖。

❀ 它的繁殖主要靠无性繁殖：由母株长出一条有分节的横走茎，每一节都可能生根，继而长出一棵新的植株。

❀ 它在一棵植物上生长着形状截然不同的两种叶片。水里的叶片呈丝带状，可增加叶片吸收氧气的面积，还能减小阻力。

❀ 它在水面上的叶片分裂较宽，可增大叶表面积，有利于光合作用，也有利于它"屹立"于水中，不被大水冲走。

自然观察笔记——蝟实

别名：美人木。
忍冬科蝟实属。
我国特有单种属珍稀植物。
分布区属冬春干燥寒冷，夏秋炎热、多雨的半湿润半干旱气候。耐寒，耐旱。北京地区园林中多丛于草坪，角隅，山石旁，园路交叉口或庭廊附近，也可盆栽或做切花用。木质极好，是雕刻的好材料。

姓名：鲁晓菲
学校：北京市第十五中学
指导老师：许静
时间：2022年10月16日 晴
地点：北京植物园

花序顶生或腋生
花期5~6月
高达3米
幼枝红褐色
叶对生，椭圆形或卵状椭圆形
花冠裂片不等，其中两枚稍宽短
花冠基部甚狭，中部以上突然扩大，外有短柔毛
2片聚伞花序组成伞房状
萼片外密生刚毛
子房下位
内面具黄色斑纹

连翘 VS 迎春

观察对象：迎春花和连翘
观察目的：探究迎春花和连翘的区别

姓名：葛晴
学校：北京市西城区德胜中学
指导老师：孙文九
时间：2022年3月 晴
地点：官园公园

区别是什么呢？
What is the difference?

连翘　　　　　　　　　　　　　　　　　迎春
Forsythia　　　　　　　　　　　　　　　Winter Jasmine

鸡蛋茄生长之旅

姓名：张韦一
指导老师：杨帆

终于，在苦苦等待中，芽儿们一个接一个地冲破土壤，见到天日，似乎是觉得地上生活的美妙，它们伸展腰板，展现风姿。

这是生长最为旺盛的一棵，它向旁边有力无气的捕绳草耀武扬威。最上端的叶子最大，像一把伞，为下方的叶子遮风挡雨（实际上并没有风和雨），看着它自豪的样子，我不由得欣慰地笑了。

现在的它长得更加高大了。比左面的那株要更威武，叶子变得更大，颜色更深了。在花盆中，它努力伸长腰板，使旁边的植物都略逊一筹。看这样子开花结果是早晚的事了（事实证明最后没有结果）。但它的叶子也越来越多，感觉会消耗更多的养分，所以我时常给它浇水。

这就是现在的它，高大，玉树临风（呃……）。与刚出芽时的它相比，有着天壤之别。叶子们又大又多，纵横交错。但到现在它也没有结果，为什么？没到时间？我们没有掐尖？我不知道。但它展现给我的，是生机，活力；是一株植物该活成的模样。不管结果与否，我相信它都会没有遗憾。"我们为什么会在这世上？""因为上帝想让我们领略一下人间风采。"我想，它领略了，也知足了。

沉稳，这是我见到现在的它时第一感受。花苞如同夜空中璀璨的明星一样，让我的眼睛瞬间放光。几片叶如同几把扇，为周围的植物带去凉风。茎愈发粗大，支撑着叶片们。好似身穿紫裙的仙女下凡一样。花，静静地开了，虽然没有什么浓郁的芳香，但那淡淡的芳香足以让人心旷神怡。我静静地望着它，生怕打断了它绽放光芒。周围的叶子齐齐保护着它。鸡蛋茄的花虽然是昙花一现，但让我感触甚多。

国槐

姓名：张译文
时间：2022年8月3日
地点：海淀公园
所处环境：土壤肥沃，阳光充足，地势平坦

花萼
呈线钟状，嫩绿色，被一层短绒毛覆盖。

旗瓣 （11mm）
近圆行，长与宽约11mm，有淡紫色的脉纹，基部渐心形，整体为淡黄色。

翼瓣 （10mm）
长圆形，长约10mm；宽4mm，前端圆润饱满，基部呈斜戟形。

荚果
串珠状，长约3.5cm，具种子4粒，宽约1cm。

种子
卵球形，淡绿黄色。

黄腹山雀

头部羽毛：黑金色
从额头至背具蓝色金属光泽
后颈处有一撮白毛
头侧具有大片白毛
叫声响亮
主要以昆虫为食
下胸与腹部为鲜黄色
两肋是黄绿色
成群活动
毛色鲜艳，花纹清晰

"嗞～嗞～嗞"

雄性 ♂

姓名：张译文
时间：2022年8月3日
地点：海淀公园
栖息环境：林缘疏林地带

复叶

复叶是指有2枚至2枚以上分离的叶片，生长在一个总叶柄或总叶轴上，叶柄与叶片之间有明显的关节。叶轴上的许多叶称为小叶，每一个小叶的叶柄称为小叶柄。根据叶的生长位置和形态，可以分为羽状复叶、掌状复叶两大类。

羽状复叶

羽状复叶是指侧生小叶排列在总叶柄的两侧成羽毛状的复叶，每一小叶相当于单叶的每一裂片。在羽状复叶中，根据叶片的数目或形状，又分奇数羽状复叶、偶数羽状复叶、一回羽状复叶、二回羽状复叶、三回羽状复叶、多回羽状复叶和参差羽状复叶。

羽状复叶与一些生长有单叶的小枝条很容易混淆，主要的区分点：一般的小枝条的顶端会有顶芽，在每一个单叶的叶腋处会有腋芽，复叶的叶轴顶端没有芽，每一个小叶的叶腋处没有腋芽；复叶中的小叶与总叶柄在一个平面伸展开，而单叶小枝条上的叶会有一定的角度伸向不同的方向。

图：易混淆成羽状复叶的单叶互生枝条（国槐的羽状复叶和一叶萩枝条）

国槐羽状复叶

一叶萩枝条

国槐的叶片

金眶鸻—红点颏—崖沙燕

姓名：王铭煊
学校：北京市鲁迅中学
指导老师：刘悦

金眶鸻

体重：28~48g
体长：153~183mm
外貌：上体沙褐色，下体白色。有明显黑色领圈，眼后白斑向后延伸至头颈相连，羽毛为灰褐色。
栖息地：湖泊沿岸、河滩、水稻田边。

2022年5月1日　晴
大兴区西红门星光生态文化休闲公园

红喉歌鸲（红点颏）

体重：16~27g
体长：14~17cm
外貌：头部、上体主要为橄榄褐色。眉纹白色，颔部、喉部红色。
栖息地：森林密丛及次生植被，稀疏处。

2022年9月12日 晴
天坛公园

2022年6月18日
永定河湖畔

崔沙燕

体长：11～14cm
外貌：背羽褐色或沙灰褐色；胸具灰褐色横节，腹与尾下覆羽白色，尾羽不具白斑。
栖息地：沼泽、有沙滩的河流，营巢于河岸洞穴。

自然笔记——麻雀

姓名：王迦淇
学校：北京市第七中学
指导老师：张楠

引言

在我们身边——马路上、树枝上、庭院中，总能发现一些灵动可爱的精灵——麻雀。这些雀科麻雀属的小家伙总是蹦蹦跳跳，叽叽喳喳叫个不停，仿佛一台永不停歇的永动机。可是它们的动力又从何而来呢？

麻雀换毛——通常在5~6月份。这种现象一般出现在春秋季，是麻雀对环境适应的表现。麻雀换毛不仅为保暖，为保护自己，也为"好看"。换毛是鸟类中很普通的行为，换去旧的羽毛，穿上新的衣裳，这样坏的、磨损的羽毛换成了崭新的、艳丽的羽毛，避免了飞行中出现的一些危险，也使自己更漂亮，利于求偶。当然，还有一个很重要的原因是保暖或者降温。麻雀"换毛"的行为体现了生物对环境的适应。

冬天的一只麻雀

毛绒绒~
变肥~
变胖~
变可爱~

冬天麻雀存储大量脂肪

龙骨突

飞行记录

观察时间：2022年11月10日
观察地点：自家阳台上，窗外的树枝上（安惠北里安园）
天气：多云转阴，有微风。

在四、五年级时，我在阳台上摆放了雀食盆，引得我家阳台上常有一些小鸟光顾。这天我用手机慢动作功能记录下了来光顾的麻雀取食、飞行的过程，感到十分的诧异：麻雀这小小的身体动作竟如此之快。我记录到这只麻雀在一秒中完成了大概四个动作：蹬腿、展翅、弹腿、收腿。随后，麻雀升空。在飞行过程中，麻雀通过翅膀拍击空气获取飞行时的动力。其过程大概如下：麻雀翅膀拍击空气做功，而产生动力和升力。消耗体内的化学能，转化为动能、重力势能。我不禁赞叹：巧妙的构造哇！

小贴士

麻雀和其他鸟类一样，它们的胸骨腹侧正中具有一块纵突起，称为龙骨突。龙骨突加大了胸肌的体积。这个特殊的结构使麻雀胸肌异常发达，飞行时就好似能获取源源不断的动力一般。

——动物界
——脊索动物门
——鸟纲
——雀形目
——雀科
——麻雀属
——麻雀

特征：
麻雀是雀科麻雀属27种小型鸟类的统称。它的体形较小，短圆，具有典型的食谷鸟特征。麻雀雌雄同色，分布广泛。它头顶和后颈为栗色，面部白色，双颊中央各有一块黑色色块。这块黑色的"小脸蛋"是鉴别麻雀的关键特征。

饮食记录

观察时间：2020年2月3日至2022年11月13日

观察地点：安慧北里安园

这是一个我进行了很久的试验：关于麻雀食性的试验。在两年前我在"门口"（阳台上）的雀食盆中每次都会放入同种食物的不同样式。在多个月的试验后，我发现对于我放在阳台的水果中，西瓜丁总是最受青睐的，而几乎所有种类的谷物它们都会取走享用。然而，令人吃惊的是，并不是所有的虫子它们都喜欢，它们貌似只喜欢蠕虫这种没有外壳的家伙。为了避免自己做实验产生的诸多不确定因素，我还上网查询了他人的实验结果，几乎和我的实验结果是一样的。那么现在我们可以确定麻雀比较喜欢的食物有西瓜、谷物、蠕虫。

黑鸢

姓名：李沅桐
学校：北京市西城区德胜中学
时间：秋，9月底～10月初
地点：北京百望山秋季观察点

体型在日行性猛禽中较大（与其他过境猛禽相比较）；
颜色：黑棕；
翼指明显，翅上有白色横纹。喜在高空盘旋，速度较慢。

据观察，黑鸢是一种喜"集群"的鸟类。
1. 由2～6只黑鸢组成的"鹰柱"；
2. 由黑鸢与其他猛禽（如苍鹰）组成的鹰柱。

盘旋上升；
无统一路径；
有短时间"交流"；
猜测：传递或冲突。

盘旋上升；
无"交流"，无统一路径。

亚成的黑鸢已大过成年苍鹰。

在观察了黑鸢后，我用绘画的方程记录下了它们的"外貌"，并使用文字辅助记录、描述它们的行为。

珠颈斑鸠 Spilopelia chinensis

鸠鸽科斑鸠属，属于小型鸟类。体长27~34厘米。头为灰色，上体大都褐色，下体大部分粉红色，后颈有宽阔的黑色，其上满布以白色细小斑点形成的领斑。

姓名：马予涵

Spilopelia chinensis

2022年5月份，我家窗台上飞来一只珠颈斑鸠，并在此定居，几天后又一只珠颈斑鸠飞来。它们先后产下两枚白蛋。

18天后，两只小鸟被孵化了出来，鸟爸爸经常出去捕食，鸟妈妈来看护幼崽。它们经常在栏杆上蹦蹦跳跳，非常可爱，也不是很怕人。

不久，两只小鸟就长大了。它们已经学会了飞翔与捕食，体型也越来越大。又过了几天，它们和父母一起飞走了。

萤火虫

姓名：苗乐行
学校：北京市铁路第二中学
指导老师：白绍羽
时间：2022年6～10月
地点：北京大觉寺防火道栎树林

胸窗萤 *Pyrocoelia pectroralis*

胸窗虫是北京常见萤火虫之一，成虫见于最早6月，最晚10月，以幼虫形态过冬。如上图，胸窗虫有明显的雌雄性二型，雌虫终身保持类似幼虫（右上图）形态，翅极不发达。雄虫鞘翅轻薄柔软，善于飞行，雌雄都有发光器，发绿色光。

胸窗虫幼虫同样具有发光器，所发的光稍暗于成虫。幼虫栖息于地表，以蜗牛为食，在腐殖土或石块下过冬，过冬时不发光。

寻找萤火虫的最好时间是夏日晚上，在安全的地方关掉手电筒观察四周是否有亮光，这是效率最高的方法，也可白天翻石头或朽木。

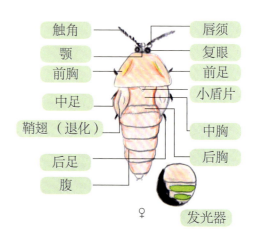

左：雌光萤 *Rhagophthalmus sp.*
上：赤腹栉角萤 *Vesta impressiollis*

注："sp."是未定种的意思，据绵阳师范大学王成斌先生研究，北京的雌光萤可能为新种，未发表。

北京其他常见萤有赤腹栉角萤（大觉寺防火道，2022年6月4日、7月17日），本种与胸窗萤相似，但腹部为红色，无发光器。

雌光萤是北京最稀有的萤，仅在大觉寺等地有少量记录，具有明显二性，雌虫保留幼虫态，体侧有发光器，这种我尚未记录到。

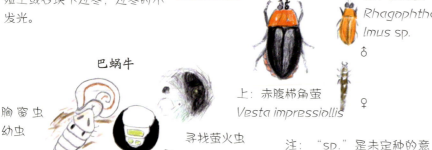

巴蜗牛
胸窗虫幼虫
发光器
胸窗虫幼虫以蜗牛为食
幼虫吃饱了光更亮
寻找萤火虫

透顶单脉色蟌

成虫腹长50～55mm。后翅长40～45mm。昆虫纲蜻蜓目色蟌科单脉色蟌属昆虫，透顶单脉色蟌。

姓名：张梓义
学校：北京市宣武外国语实验学校
指导老师：刘博
时间：7月25日～7月26日 晴
地点：北京怀柔神堂峪

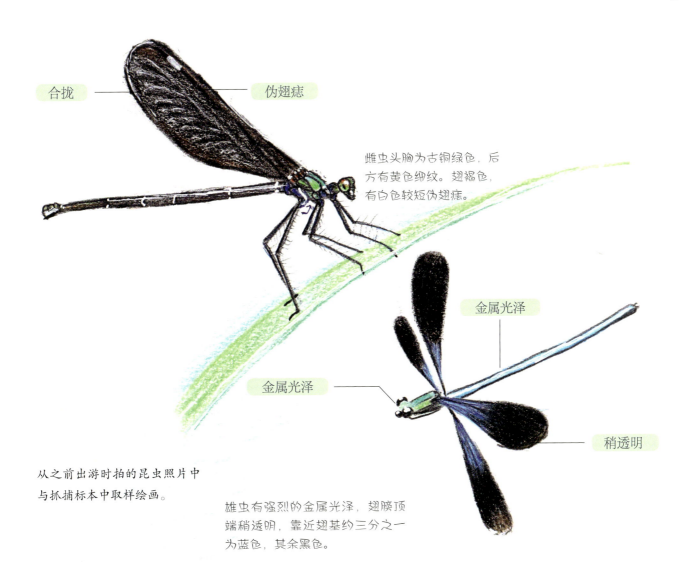

合拢 — 伪翅痣

雌虫头胸为古铜绿色，后方有黄色细纹。翅褐色，有白色较短伪翅痣。

金属光泽

稍透明

从之前出游时拍的昆虫照片中与抓捕标本中取样绘画。

雄虫有强烈的金属光泽，翅膀顶端稍透明，靠近翅基约三分之一为蓝色，其余黑色。

小豆长喙天蛾

姓名：朱溥瑶
学校：北京市三帆中学
指导老师：钟行龙
时间：2022年10月6日
地点：北京植物园
天气：晴朗，无云，微风
空气质量：优

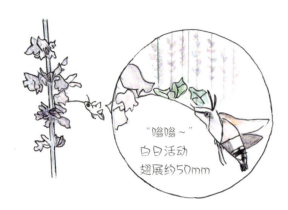

"嗡嗡～"
白日活动
翅展约50mm

现场情况：路边的蓝花鼠尾草草丛里，一支由五六只蜂鸟鹰蛾的"四不像"小队在花间穿越，采食花蜜。

档案1:

姓名：蜂鸟鹰蛾/小豆长喙天蛾（以花蜜为食）
别名：昆虫界的"四不像"（动物界节肢动物门六足亚门）
观察所得特征：
1. 具有很长（几乎有身体那么长）的喙，且喙细并能在不吸蜜时弯曲。
2. 尖端具有触角
3. 腹部粗壮
4. 胫部具有像羽毛一般的刺和刚性鬃毛（所以容易和蜂鸟搞混了）
5. 可在空中悬停

档案2

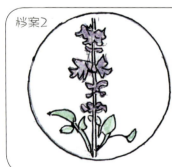

姓名：蓝花鼠尾草/一串蓝
基本信息：植物界被子植物门双子叶植物纲
观察所得特征：
1. 植物高约30～60cm（平均40cm左右）
2. 叶上有白色绒毛
3. 花色淡蓝或淡紫
4. 丛生
5. 叶片长约5cm

P.S. 不要把蜂鸟鹰蛾错认成蜂鸟哦！

看到笔记的要求后立刻想到了曾被自己认成蜂鸟的昆虫——蜂鸟鹰蛾。先是找出了当日的照片进行重温与绘画，后将一些当时观察所得的特征罗列到笔记上，并搜集和补充一些相关资料。

美国红枫——虫害治理

正名：红花槭。

姓名：辛凤来
学校：北京十一学校龙樾实验中学
指导老师：杨炎
时间：2021年9月　晴
地点：北京十一学校龙樾实验中学内操场旁

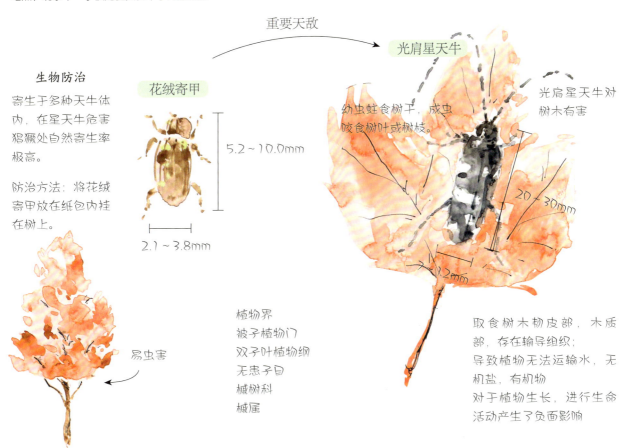

重要天敌

生物防治

寄生于多种天牛体内，在星天牛危害猖獗处自然寄生率极高。

防治方法：将花绒寄甲放在纸包内挂在树上。

花绒寄甲　5.2~10.0mm　2.1~3.8mm

光肩星天牛

光肩星天牛对树木有害

幼虫蛀食树干，成虫咬食树叶或树枝。

20~30mm

易虫害

植物界
被子植物门
双子叶植物纲
无患子目
槭树科
槭属

取食树木韧皮部，木质部，存在输导组织；
导致植物无法运输水，无机盐，有机物
对于植物生长，进行生命活动产生了负面影响

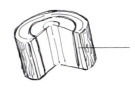

韧皮部

校内种植了美国红枫，在2021年9月到10月遭遇了光肩星天牛的虫害，生物老师组织了对美国红枫的救助活动，我用钢笔淡彩的方式记录下来，这件事情十分有趣，增加了我对于生物和自然的兴趣。

吃花将军爱唱歌——蝈蝈

"蝈蝈"是民间俗称,指的就是优雅蝈螽。

姓名:马丁一
学校:河北省承德市民族中学
指导老师:孙莉

为什么要起这个名字?因为我们的主人公站在一朵南瓜花上——部分蝈蝈对南瓜花情有独钟。

成虫(雄),体长35~40mm;
雌虫体长约40~50mm。

鸣叫:仅限雄虫,鸣叫时两前翅斜竖,像剪刀一样开合,音锉与刮器摩擦发声,镜膜起共振放大声音的作用。

（刮器、音锉、镜膜）

卵

0.2mm 0.6mm

形似米粒,卵壳坚硬,在2~3cm深的土层中越冬,五月初前后孵化。

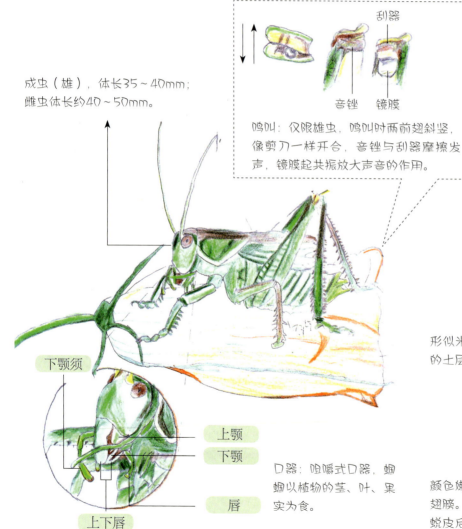

下颚须
上颚
下颚
唇
上下唇

口器:咀嚼式口器,蝈蝈以植物的茎、叶、果实为食。

若虫(雄)

颜色嫩绿,样子与成虫相似,但没有翅膀。从小到大需蜕皮六次,第三次蜕皮后可分辨雌雄,雌蝈蝈尾部有针状产卵器。

优雅蝈螽（学名：*Gampsocleis gratiosa*）属节肢动物门昆虫纲直翅目螽斯科，又称蝈蝈，即普通意义上的"蝈蝈"，北方较为常见。其翅短，鸣声清脆响亮。体色分绿色和褐色两种，身形硕大，雌性较雄性更为粗壮。夏天市场上经常售卖此种，深受百姓欢迎。

特征：体长约28~50mm，超大个体雌性接近70mm，体形粗壮。头大，触角细长，复眼椭圆形。前胸背板宽大，似马鞍形，腹部粗圆。前翅较短，且左右翅结构不同，后翅极小，呈翅芽状。雄性靠摩擦翅膀上的发音器鸣叫以吸引雌性，雌性没有发音器，有较长的产卵管。

习性：栖息于草丛或灌丛。成虫出现在盛夏，寿命3个月左右。早晚都鸣叫，以白天鸣叫为主，鸣声随温度在节奏上和音调上有所变化，鸣声为"极—极，极—极，极—极……"。

优雅蝈螽
Gampsocleis gratiosa

丝带凤蝶

姓名：张殿宁
学校：北京市西城外国语学校
指导老师：岳颖

这是我看到过最美丽的昆虫，并且我有机会如此近、仔细地观察它们，它们雌雄的巨大差异，这都为我带来了震撼。所以我选择描绘它们。

在昆虫中，蝴蝶绝对是最有美感的了。在一次我和父亲在西山徒步时看到了丝带凤蝶，那天有点小雨，雾很大，湿气非常重，丝带凤蝶都停在植物上不动，甚至可以被轻松抓到。我猜这是因为它们翅膀上有水，太重无法起飞。这非常利于我的观察。丝带凤蝶有三对足，身体分为头胸腹三个部分，还有一对触角和凤蝶独有的尾突，雄性翅膀白色上有黑色条纹，半透明，略发黄。尾部有红斑。尾突为白黄色。雌性颜色更深，黄色中有黑斑，尾部同有红斑。尾突为黑色。这是我第一次对它们近距离仔细观察，这可以说是一次相当有趣的徒步。

丝带凤蝶
Sericinus montelus

丝带凤蝶是鳞翅目凤蝶科丝带凤蝶属的昆虫。它们的身体呈现出黑、白、红三种颜色相间的特征,尾突非常长。雄蝶的翅膀颜色呈淡黄白色,翅面上有黑色斑纹;后翅臀角上有黑斑和红斑。而雌蝶的翅膀是黑色的,上面有许多白色到浅黄色的线状斑纹,后翅上还有带状的红斑,红斑外侧有蓝斑。

丝带凤蝶分布于日本、俄罗斯和朝鲜半岛,在中国则广泛分布于北京、辽宁、河北、甘肃、宁夏、陕西、河南、湖北、湖南等地。它们生活在中低海拔的阔叶林区、溪流和田地等地方。成虫的飞行速度较慢,常常以滑翔的方式飞行,并且喜欢在地面吸水。幼虫则聚集在一起栖息。它们在山区的数量较多,经常几只一起轻舞,以花粉、花蜜和植物汁液为食。幼虫主要以马兜铃的叶片、嫩枝和幼果为食。丝带凤蝶一年会有5代,成虫通常在4月到9月之间出现,卵群产于马兜铃上。

丝带凤蝶是一种中型凤蝶,曾被列为中国的14种珍稀蝴蝶之一。

自然笔记之"花大姐"观察记

姓名：陈羿沛
学校：北京市三帆中学
指导老师：钟行龙，韩旭

No. 1

2022年6月25日　晴　元大都遗址公园

今天我在元大都散步时偶然在臭椿和榆树下发现了很多小虫子，大都有食指指肚大小，既有黑色的，也有红色的，背上点缀着白色的斑点，看上去漂亮极了。其中，红色的要大一些，虽然运动方式以爬为主，但有时在行人临近时跳走。而黑色的则普遍偏小，也不能跳跃。

体长约13mm

此时它的弹跳能力开始出现。

红色的是斑衣蜡蝉的4龄若虫。为了迎接成虫形态，它换上了红色加黑白相间的新衣服，拥有了警戒色。

回家后，我查阅了相关资料，才知道原来它们叫斑衣蜡蝉，是半翅目蜡蝉科的昆虫，蜡蝉是蝉的亲戚，因为身体会分泌很多蜡质，所以叫蜡蝉。斑衣蜡蝉俗称又叫"花大姐""花蹦蹦"等，属于不完全变态发育，不同龄期体色变化很大，我之前看到的就是它的若虫。

这是斑衣蜡蝉的1～3龄若虫。

它们喜欢群体活动。黑底白斑打乱了它们的身体界限，让捕食者难以锁定目标。

看到它们身上的这些小斑点了吗？这可是它们的防身武器。

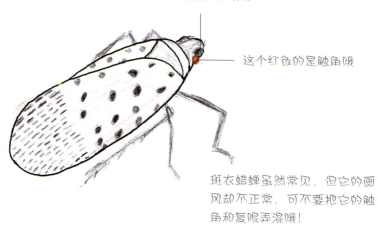

这才是它的眼睛

这个红色的是触角哦

斑衣蜡蝉虽然常见，但它的画风却不正常，可不要把它的触角和复眼弄混哦！

No. 2

2022年6月26日 阴 元大都遗址公园

"一棵老臭椿树的树干上，趴着很多灰色翅膀的虫子。说它是蝉，又不会叫。说它的蛾子，又没有鳞粉。看上去呆呆的，当我伸手去抓时，它就'唰'得亮出鲜艳的后翅；若是再想去抓，它便蹦跳着逃之夭夭。"

斑衣蜡蝉的成虫有3大特点，正好对应着它的3大绰号。

快看看"花大姐"的漂亮衣服

（一）花蹦蹦

红底黑白纹，强烈的颜色对比彰显着它的个性。

生存技巧：鲜艳颜色威慑天敌，争得逃生机会。

跳跃能力极强，6条大长腿总是蓄势待发，一有风吹草动，就蹦之大吉。

生存技巧：通过蹦跳迅速脱离险境。

（二）椿蹦

它们的最爱就是臭椿树，每年的四五月份，它们或在臭椿树上排成一条直线，或密密麻麻聚集在一起。也许正是因为它们对臭椿的"特殊关照"，让它们的卵在臭椿树上的孵化率达到80%以上。要知道，在榆、槐上，斑衣蜡蝉卵的孵化率只有2%~3%。

这是斑衣蜡蝉在装死，一眼就被识破了

（三）花大姐

成虫前翅上布满褐色斑点，老土了。但若是吓到了它，它便会跃起1米多高并迅速飞离你的视线。如果时机刚好，你就能看到它们亮出红、黑、蓝三色的鲜艳后翅，这是它在向你示威呢！它这一身红、黑、蓝的大衣，时尚大气，在飞起来的时候更是潇洒无比。因此，得名"花大姐"。

斑衣蜡蝉一年出现一代，以卵在树干阴面越冬，翌年4月下旬卵开始孵化为若虫，6月末出现成虫，8月下旬开始交尾、产卵。

No. 3

2022年10月6日 阴 元大都遗址公园

今天我惊喜地在一棵树的向阳面上发现了斑衣蜡蝉的卵。经过2个月的补充营养，斑衣蜡蝉的成虫在8月就进入了交配期。交配后雌虫就开始产卵了，它们的繁殖能力很强，一只雌虫至少能产50~100枚卵。它们会在一棵树向阴的树干上从左到右依次产下5~8排。每排10~15粒、排列非常整齐的卵。为了更好地保护卵，外面还会覆盖一层灰土状物质。

这就是斑衣蜡蝉看上去就像干燥的泥巴、很不起眼的卵。

创意绘画

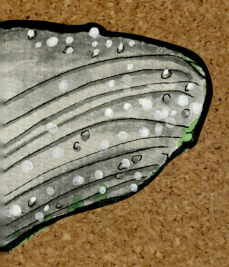

蝉

姓名：杨斯雯
学校：总参谋部第五十一所幼儿园
指导老师：尹力

垂緌饮清露，流响出疏桐。居高声自远，非是藉秋风。——《蝉》（唐）虞世南

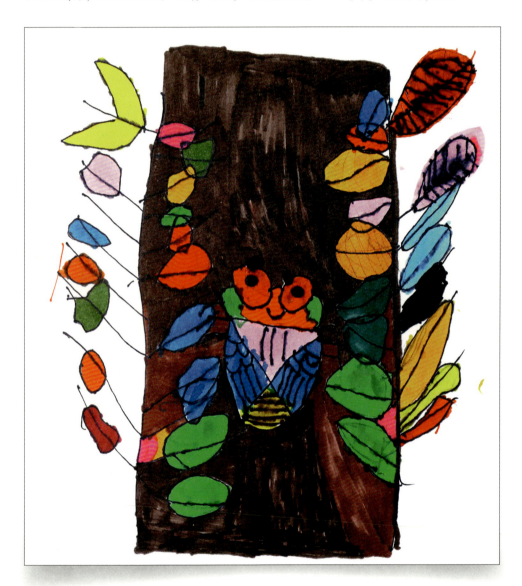

自然之美和动物

姓名:邓芃原
学校:北京市东城区和平里第四小学
指导老师:刘春燕

蓝色海洋梦

姓名：牛鹤儒
学校：北京第二外国语学院附属小学定福分校

我出生在海南，在我心里一直有个蓝色的海洋梦，在北京海洋馆里我近距离观察了正在玩球的白鲸，它自由而活泼，身体非常庞大，天生的微笑唇非常招人喜欢，叫声洪亮悦耳，非常迷人。

我眼中的多彩世界

姓名:赵了了
学校:北京市西城区师范学校附属小学
指导老师:周妍

透顶单脉色蟌

姓名：王洛允

2022年8月19日，我和爸爸妈妈去怀柔百泉山玩，在景区里看到了大山中的精灵——透顶单脉色蟌（cōng）。它生活在水边，姿态优雅，身体有着迷人的蓝绿色金属光泽，我非常喜欢它。

孔雀

姓名：程楚晴
学校：北京市西城区五路通小学
指导老师：王思慧

蝴蝶与花

姓名:谢悦妍
学校:北京第二实验小学
指导老师:刘思岚

小蜜蜂大作为

姓名：谢悦妍
学校：北京第二实验小学
指导老师：刘思岚

秘密森林

姓名：朱莫
学校：北京市西城区五路通小学
指导老师：蒯煜

美丽家园

姓名：孙佳琪
学校：北京市西城区师范学校附属小学
指导老师：胡曦文

眼中夏天

姓名：刘可勋
学校：北京雷锋小学
指导老师：张陶

每年夏天，我都会到郊区的姥爷家度过一个愉快的暑假。在姥爷家有各种不同的植物，我非常喜欢观察植物，喜欢看它们生机勃勃的样子，这幅画画的是我观察到的植物，加入了我自己的一点联想。

守护蔚蓝

姓名：安时予
学校：北京市西城区师范学校附属小学
指导老师：郝九娜

动物的纹理

姓名：周煜明
学校：北京第二实验小学
指导老师：尹毓欣

2022年劳动节假期，爸爸妈妈带我去北京野生动物园参观游玩。我发现老虎、蛇、鳄鱼，还有很多其他野生动物，它们都穿着不同图案的"衣服"。妈妈说这是动物们皮肤上的纹路，我觉得非常有趣！

蝶

姓名：马尚
学校：北京市西城区五路通小学
指导老师：蓟煜

10月，故宫，金黄色的银杏叶掩映下的金瓦红墙，见证着历史沧桑。金色透亮的小扇面，一枝枝优雅低垂，忽然窜出一只御猫，注视着半空中飞舞的杏叶，犹如一只只自由自在的黄蝶。

银杏

姓名：张诗淼
学校：北京市朝阳区呼家楼中心小学团结湖分校
指导老师：王娜

十一假期，爸爸妈妈带我去地坛，那里有很多银杏树，深秋时节，银杏树的叶子都会变成黄色，看着满地的银杏叶和银杏果，我好像变成"借东西的小人"阿莉埃蒂。

家园·佳园

姓名：张恬宁
学校：北京市西城区复兴门外第一小学
指导老师：穆清馨

我的创意画是《家园·佳园》。背景是用彩色纸拼贴而成，代表美丽的大自然。小鱼的游动，小鸟的欢唱，蝴蝶的舞动，这些都是生命的跃动。我化身为花仙子，和这些可爱的动物们畅游在美丽的大自然中。并希望大家可以爱护环境，保护动物。

美丽的星球

姓名：丁嘉依
学校：北京市西城区师范学校附属小学
指导老师：冯明暄

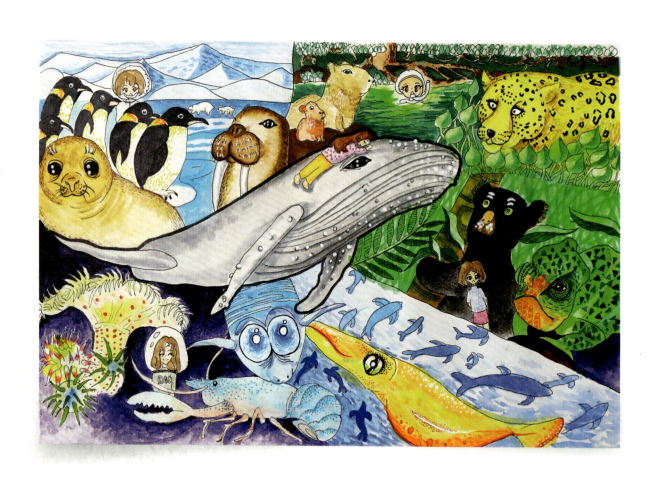

心语

姓名：安瑞萍
学校：北京师范大学京师附小
指导老师：焦阳

随风去他乡——蒲公英

姓名：冯瑀诺
学校：北京建筑大学附属小学
指导老师：黄卫宁

共生

姓名：闫恺育
学校：北京小学
指导老师：刘佳

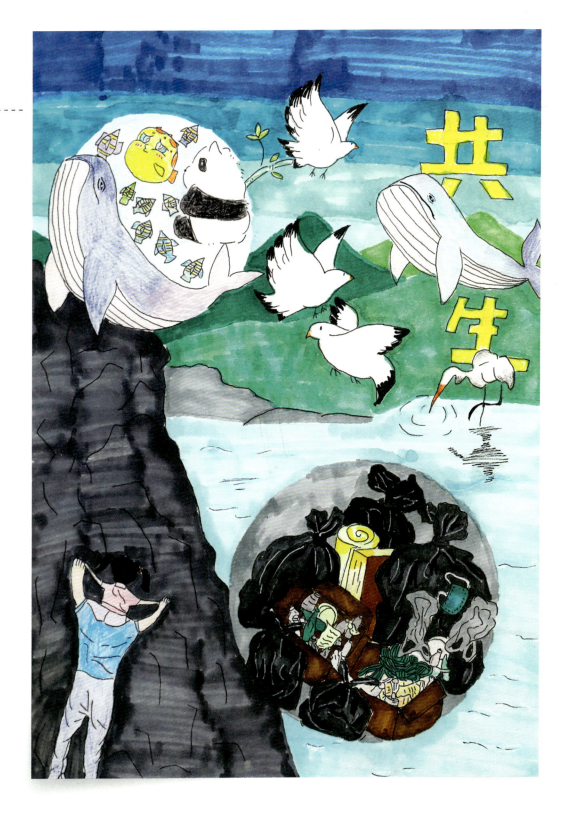

秋游

姓名：康梓辰
学校：宏庙小学
指导老师：赵玉慧

妈妈带我去香山公园秋游，人们纷纷在拍红叶，我却低头看到了满地绿色、黄色、红色和已经枯萎的秋叶，耳边还响着此起彼伏的鸟叫声，我想把这一刻的感受用画笔记录下来。

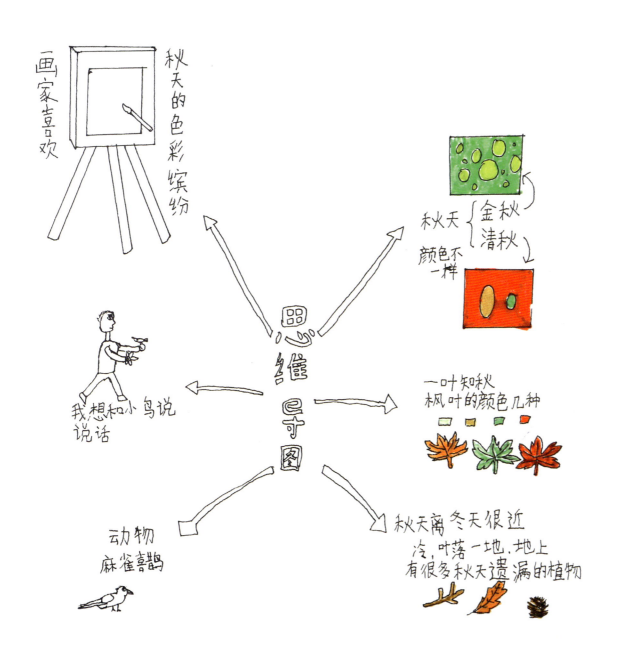

美丽家园

姓名：李心悦
学校：北京小学
指导老师：程静仪

相互依存

姓名：罗心兰
学校：北京市第六十六中学
指导老师：程斯佳

人类与生态环境和动物之间应相互依存，号召大家保护地球资源。

作品名称索引

下雨了
姓名：刘福馨
学校：北京市海淀区凯蒂幼儿园

枫叶
姓名：王昊轩
学校：北京市东城区卫生健康委员会第三幼儿园地坛公园四艺驿站

4个虫期（七星瓢虫）
姓名：张启航
学校：培基双语幼儿园

银杏自然笔记
姓名：冯熙茗
学校：北京石油学院附属小学

银杏自然笔记
姓名：冯熙茗
学校：北京石油学院附属小学

银杏
姓名：肖芮伊
学校：北京市西城区展览路第一小学

银杏
姓名：刘艺
学校：北京市西城区椿树馆小学

银杏自然笔记
姓名：林芊羽
学校：北京市西城区椿树馆小学

银杏
姓名：张昱琪
学校：北京师范大学奥林匹克花园实验小学

五彩椒自然笔记
姓名：多兰
学校：北京市朝阳区呼家楼中心小学团结湖分校

七彩椒
姓名：徐睿妍
学校：北京市朝阳区白家庄小学（珑玺校区）

漂亮的凤仙花
姓名：赵予诗
学校：首都师范大学附属顺义实验小学

蓟草观察笔记
姓名：徐子力
学校：人大附中翠微学校小学部

油松
姓名：张熙茗雯
学校：北京市东城区和平里第四小学

杜仲
姓名：刘坤承
学校：北京市西城区椿树馆小学

金银忍冬
姓名：许景焱
学校：北京市朝阳外国语学校北苑分校

金银花
姓名：刘芊妠
学校：北京市房山区良乡第一小学

向日葵
姓名：赖明曦
学校：北京第二外国语学院附属小学定福分校

向日葵
姓名：李诺言
学校：首都师范大学附属顺义实验小学

向日葵
姓名：甄博雅
学校：北京市朝阳区实验小学老君堂分校

向日葵
姓名：翟芮瞳
学校：首都师范大学附属顺义实验小学

种子的传播
姓名：邱天翔
学校：北京第二实验小学

狗尾巴草
姓名：任石涵
学校：北京市房山区良乡第三小学

观察爬山虎
姓名：李佳仪
学校：北京石油学院附属小学

竹子
姓名：崔泽涵
学校：北京石油学院附属小学

水仙
姓名：王彦淳
学校：北京师范大学奥林匹克花园实验小学

长春花
姓名：刘沐崴
学校：北京市第十二中学附属实验小学

桂花
姓名：李佳馨
学校：北京市丰台区西马金润小学

家庭种植自然笔记
姓名：韩一杨
学校：北京市第十五中学附属小学

枇杷观察日记
姓名：郝钰轩
学校：北京市朝阳区实验小学老君堂分校

圆叶牵牛
姓名：王熙睿
学校：北京市西城区陶然亭等小学

活化石·水杉
姓名：张招宜
学校：北京市第十五中学附属小学

作品名称索引

北京初秋时节盛开的花朵
姓名：邓甫西
学校：北京市朝阳区呼家楼中心小学团结湖分校（东校区）

北京治理易致敏性植物
姓名：李润桐
学校：北京市西城区西单小学

树叶的面积
姓名：车俊希
学校：北京第二实验小学

笨玉米
姓名：王乔布
学校：北京市海淀区清华东路小学

火焰卫矛
姓名：范学习
学校：北京工业大学附属中学新升分校

小红菊
姓名：宋飒瑜
学校：北京市房山区良乡第三小学

薄荷
姓名：陈孝柏
学校：北京市朝阳区白家庄小学（珑玺校区）

条华蜗牛
姓名：张歆艺
学校：北京市樱花园实验学校

遇见黑头鹀
姓名：苏航

绿头鸭
姓名：周文雅
学校：北京市东城区和平里第四小学

绿头鸭
姓名：于依琳
学校：北京市东城区和平里第四小学

鹡鸰
姓名：梁玉涵
学校：北京市宣武回民小学

最会游泳的鸡——白骨顶鸡
姓名：宋梓晗
学校：北京市东城区史家七条小学

小欧家的特邀嘉宾——珠颈斑鸠
姓名：欧昱
学校：北京市海淀区翠微小学

珠颈斑鸠
姓名：朱晓墨
学校：北京第一实验小学

小区里的留鸟
姓名：张恩林
推送单位：龙潭西湖公园园艺驿站

会倒立特技的小鸟
姓名：于雯欨
学校：北京师范大学京师附小

秋日西山所见
姓名：姜爱琳
学校：北京市房山区良乡第三小学

斑衣蜡蝉
姓名：张歆羽
学校：北京市朝阳区呼家楼中心小学团结湖分校

蝉
姓名：吴雨菲
学校：首都师范大学附属顺义实验小学

七星瓢虫，人类的朋友
姓名：祁钮宸
学校：首都师范大学附属顺义实验小学

蜂
姓名：刘宇昊
学校：北京市丰台区铎应小学

柑橘凤蝶
姓名：孙己悦
学校：北京市西城区自忠小学

蚊
姓名：王铭辰
学校：北京市第十五中学附属小学

岸冰
姓名：刘帅然
学校：北京工业大学奥林匹克花园实验小学

土豆
姓名：何京伟
学校：北京工业大学附属中学新升分校

西瓜
姓名：张芷浩
学校：北京市第二外国语学院附属小学定福校区

玩偶南瓜成长日记
姓名：刘沛伟
学校：北京市朝阳区白家庄小学

花生的生命历程
姓名：胡沛真
学校：首都师范大学附属顺义实验小学

山楂
姓名：张宥歆
学校：北京市通州区运河小学

柿柿如意
姓名：沈坤博
学校：北京市西城区志成小学

桂花
姓名：李钰鑫
学校：北京市朝阳区外国语学校北苑分校

秋葵
姓名：张瑜
学校：北京市朝阳区呼家楼中心小学团结湖分校北校区

河北假报春
姓名：孙梽淳
学校：北京第二实验小学

自然笔记
——红豆与黑豆
姓名：杨建韬
学校：北京市朝阳区白家庄小学

黄刺玫
姓名：李岱达
学校：北京市西城区厂桥小学

斑地锦——低调又顽强的野草
姓名：孙朴涵
学校：北京市丰台第八中学附属小学

西山构树
姓名：刘奇萌
学校：北京市房山区良乡第三小学

银杏
姓名：张紫晴
学校：北京市东城区和平里第九小学

银杏
姓名：梁穆涵
学校：北京师范大学京师附小

银杏——鸡爪槭
姓名：刘雨昕
学校：北京市西城区复兴门外第一小学

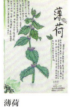
薄荷
姓名：牛梓诺
学校：北京市海淀区中关村第三小学

自然笔记
——我的向日葵
姓名：秦朗
学校：北京市朝阳区白家庄小学

玩具熊向日葵
姓名：柳彦君
学校：北京市朝阳区白家庄小学

自然笔记——向日葵
姓名：宋思源
学校：北京市西城区五路通小学

二月兰
姓名：张涵琳
学校：北京市西城区厂桥小学

自然观察笔记
——凤仙花
姓名：孟宸霆
学校：北京市朝阳区白家庄小学

凤仙花的一生
姓名：王语涵
学校：北京市西城区师范学校附属小学

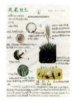
凤尾丝兰
姓名：李浩辰
学校：北京市第十二中学附属实验小学

紫茉莉的一生
姓名：曹书凡
学校：北京市东城区和平里第四小学

核桃的一生
姓名：贾砳宁
学校：北京市朝阳区呼家楼中心小学团结湖分校北校区

麻雀花
姓名：吴晨哲
学校：北京市海淀区上地实验小学

秋日寻松
姓名：李昕妍
学校：北京师范大学京师附小

坚果百"碰"
姓名：胡舒然
学校：北京第二实验小学涭水河分校

冬季部分松柏科植物及其果实
姓名：郭天依
学校：北京小学

北京常见松树的辨别方法
姓名：刘诗晨
学校：北京第一实验小学

秋山红叶枫与槭
姓名：白梓橐
学校：北京市西城区三里河第三小学

绿萝成长记
姓名：王麓竣
学校：北京市朝阳区白家庄小学琥璃校区

大山雀—乌鸦—大斑啄木鸟—白头鹎
姓名：云嘉琪

自然笔记——喜鹊
姓名：崔文悦
学校：北京第一实验小学

喜鹊——"报喜鸟"
姓名：邱凡轩
学校：北京市西城区复兴门外第一小学

北京雨燕——回家记
姓名：韩蕊馨
学校：北京第二实验小学

北京雨燕
姓名：胡雅惠
学校：北京市第一实验小学

苍鹭
——"长脖老等"
姓名：常雅茜
学校：北京市大兴区德茂学校

苍鹭
姓名：李铜玄
学校：北京市西城区五路通小学

"臭美鸟"——戴胜
姓名：孙朴涵
学校：北京市丰台第八中学附属小学

戴胜自然笔记
姓名：张怡宁
学校：北京市朝阳区呼家楼中心小学团结湖分校北校区

珠颈斑鸠
姓名：柏语瑄
学校：北京第一实验小学

树麻雀
姓名：潘宁萱
学校：北京第二实验小学德胜校区

天坛公园的5种啄木鸟
姓名：黄与白
学校：北京第二实验小学

黑水鸡——凌波微步的大脚丫
姓名：王思嘉
学校：北京师范大学朝阳附属学校

观鸭记
姓名：李首辰
学校：北京雷锋小学

水蚤
姓名：刘弈豪
学校：北京市东城区和平里第四小学

蟋蟀—洋辣子—螳螂—石龙子
姓名：江睿译
学校：北京市朝阳区第二实验小学管庄小区

黄粉鹿花金龟（雄性）
姓名：朱梓恩
学校：北京朝阳区白家庄小学珑玺校区

夏日虫鸣
姓名：章牧仟
学校：北京市西城区厂桥小学

七星瓢虫的奥秘
姓名：付玥涵

岩石的分类
姓名：黄启真
学校：北京小学广内分校

平凡中绽放绚丽——紫茉莉
姓名：王梦端

水边佳人——水毛茛
姓名：张书源
学校：北京市育才学校

自然观察笔记——蒴实
姓名：鲁晓菲
学校：北京市第十五中学

连翘 vs 迎春
姓名：葛晴

鸡蛋茄生长之旅
姓名：张韦一

国槐与黄腹山鹊
姓名：张译文

金眶鸻—红点颏—崖沙燕
姓名：王铭瑄
学校：北京市鲁迅中学

自然笔记——麻雀
姓名：王渊淇
学校：北京市第七中学

黑鸢
姓名：李元桐
学校：北京市西城区德胜中学

珠颈斑鸠
姓名：马予涵
学校：北京市西城区德胜中学

萤火虫
姓名：苗乐行
学校：北京市铁路第二中学

透顶单脉色蟌
姓名：张梓义
学校：北京市宣武外国语实验学校

小豆长喙天蛾
姓名：朱溥瑶
学校：北京市三帆中学

美国红枫——虫害治理
姓名：辛凤来
学校：北京十一学校龙樾实验中学

吃花将军爱唱歌——蝈蝈
姓名：马丁一
学校：河北省承德市民族中学

花园与少年
北京自然观察笔记

丝带凤蝶
姓名：张殿宁
学校：北京市西城外国语学校

自然笔记之"花大姐"观察记
姓名：陈羿沛
学校：北京市三帆中学

蝉
姓名：杨斯雯
学校：总参谋部第五十一所幼儿园

自然之美和动物
姓名：邓凡原
学校：北京市东城区和平里第四小学

蓝色海洋梦
姓名：牛鹤儒
学校：北京第二外国语学院附属小学定福分校

我眼中的多彩世界
姓名：赵了了
学校：北京市西城区师范学校附属小学

透顶单脉色蟌
姓名：王洛允

孔雀
姓名：程楚晴
学校：北京市西城区五路通小学

小蜜蜂大作为
姓名：谢悦妍
学校：北京第二实验小学

秘密森林
姓名：朱莫
学校：北京市西城区五路通小学

美丽家园
姓名：孙佳琪
学校：北京市西城区师范学校附属小学

眼中夏天
姓名：刘可勋
学校：北京雷锋小学

守护蔚蓝
姓名：安时予
学校：北京市西城区师范学校附属小学

动物的纹理
姓名：周煜明
学校：北京第二实验小学

蝶
姓名：马尚
学校：北京市西城区五路通小学

银杏
姓名：张诗淼
学校：北京市朝阳区呼家楼中心小学团结湖分校

蝴蝶与花
姓名：谢悦妍
学校：北京第二实验小学

家园·佳园
姓名：张恬宁
学校：北京市西城区复兴门外第一小学

美丽的星球
姓名：丁嘉依
学校：北京市西城区师范学校附属小学

心语
姓名：安瑞萍
学校：首都师范大学京师附属小学

随风去他乡——蒲公英
姓名：安时予
学校：北京建筑大学附属小学

共生
姓名：闫恺育
学校：北京小学

秋游
姓名：康梓辰
学校：宏庙小学

美丽家园
姓名：李心悦
学校：北京小学

相互依存
姓名：罗心兰
学校：北京市第六十六中学

参与机构

北京市园林绿化科学研究院	香悦第二社区园艺驿站	北京市西城区师范学校附属小学	北京市丰台第八中学附属小学
密云区园林绿化局	裕龙五区园艺驿站	北京市第十五中学附属小学	北京市西城区炭儿胡同小学
海淀区园林绿化局	大运河森林公园园艺驿站	北京市西城区复兴门外第一小学	北京市西城区新街口少年宫
朝阳公园	北京京彩弘景生态建设有限公司	北京市西城区厂桥小学	北京市育才学校
红领巾公园	八角中里文化中心园艺驿站	北京师范大学京师附小	北京市三帆中学
北京麋鹿生态实验中心	北京市黄庄职业高中园艺驿站	北京市西城区自忠小学	北京师范大学亚太实验学校
柳荫公园	苹果园园艺驿站	北京市西城区宏庙小学	北京市西城区三里河第三小学
龙潭公园	石景山朗园park园艺驿站	北京市西城区白纸坊小学	北京市西城区志成小学
北京永定门地区公园管理处	爱立方艺术中心	北京市西城区椿树馆小学	北京市第三十九中学
南馆公园	东方公学	北京第一实验小学红莲分校	北京市西城区德胜中学
青年湖公园	艾美画室	北京市第七中学	北京市三帆中学裕中校区
北京市房山区公园管理服务中心	北京亿天使公益基金会	北京市西城区青少年美术馆	北京市西城区香厂路小学
北海公园	北京市朝阳外国语学校北苑分校	北京市西城区西单小学	北京市第十四中学小学部
北京动物园	北京第二外国语学院附属小学	北京市第六十六中学	北京市西城区德胜少年宫
中山公园	北京第二外国语学院附属小学定福分校	北京市宣武外国语实验学校	北京市西城区鸦儿胡同小学
景山公园	北京工业大学附属中学（小学部）	北京市鲁迅中学	北京市西城区阜成门外第一小学
国家植物园（北园）	北京工业大学附属中学新升分校	北京小学	北京市丰台区第十二中学附属实验小学
香山公园	北京师范大学奥林匹克花园实验小学	北京建筑大学附属小学	北京十二中联合总校太平桥学校
颐和园	北京市朝阳区白家庄小学	北京第一实验小学	北京石油学院附属小学
海淀区湿地和野生动植物保护管理中心（翠湖国家城市湿地公园）	北京市朝阳区芳草地国际学校德贤分校	北京市西城区陶然亭小学	北京实验学校（海淀）
	北京市朝阳区呼家楼中心小学团结湖分校	北京小学广内分校	北京市中关村外国语学校
玉渊潭公园	北京市朝阳外国语学校	北京市铁路第二中学	北京市中科启元学校
夏都公园	北京第二外国语学院附属小学	北京第二实验小学浚水河分校	北京市第一零一中学
地坛公园园艺驿站	北京市朝阳区实验小学老君堂分校	北京市西城区中古友谊小学	北京市海淀区翠微小学
东四园艺驿站	人大附中北京经济技术开发区学校	北京师范大学实验华夏女子中学	北京市海淀区上地实验小学
龙潭西湖公园园艺驿站	北京市一七一中学	北京市宣武青少年科学技术馆	清华大学附属小学清河分校
玉蜓园艺驿站	北京市东城区和平里第四小学	北京市第三十一中学	北京市海淀区学院路小学
房山区长阳公园园艺驿站	北京市东城区和平里第九小学	北京市三帆中学附属小学	北京市海淀区中关村第一小学
金源娱乐园园艺驿站	北京市东城区前门小学	北京市宣武回民小学	北京市顺义区仓上小学
吉祥花园园艺驿站	北京市东城区史家胡同小学	北京市第十三中学分校	首都师范大学附属顺义实验小学
鲁能润园园艺驿站	北京市房山区良乡第三小学	北京市西城区奋斗小学	北京市昌平区史各庄中心小学
龙湾巧嫂园艺驿站	北京第二实验小学	北京市西城区展览路第一小学	北京市昌平区西府冠华学校
鲜花港园艺驿站	北京市西城区五路通小学	北京市西城区西什库小学	

获奖指导教师

安博　白绍羽　鲍晗　蔡红英　蔡振阳　曾思阳　曾艳　常丹妮　常冬燕　陈鸽　陈琳琳　陈鸣岳　陈晓　陈雪濛
陈燕燕　陈越　陈长久　程春梅　崔文博　崔欣　戴乐　范欣然　邓晶　习思维　丁玉平　定皓琦　董昆　董晓超
董晓华　都恩红　杜鹃　杜梦　段玉娇　樊晨　房晓涵　冯爽　付亚玲　高波　高畅　高飞　高凤华
高劲松　高霞　高闫雪　高月婷　耿杰　桂娇　郭菲　郭硕　郭延雪　韩晶晶　韩伟伟　韩旭　韩晔　寒梅
何蓝玲　何楠　胡立芳　胡丽丽　胡子剑　黄博翰　黄达　黄井超　黄晓菲　季娟　季蕊　贾旭姗　姜振敏　蒋亚秋
蒋玉兰　蒋跃　焦艳　金冬梅　金凤霞　金玉　荆华　李倩　李巧　康立媛　康争　来二青　赖春容　李辰薇
李聪颖　李得良　李飞　李光　李娟　李丽莎　李丽星　李竹莉　李文君　李潇潇　李晓　李雪　李科佳
李艳丽　李颖　李颖丽　李永红　李毓茜　李圆　李圆媛　梁冬梅　梁慧瑜　梁希　林雪　刘博　刘春燕
刘丛　刘冬梅　刘帆　刘海霞　刘红　刘红伶　刘嘉　刘剑颖　刘娟　刘青霞　刘思岚　刘天增　刘馨伊　刘雪洁
刘雪梅　刘妍　刘怡　刘玉平　刘玉涛　刘玉文　刘媛媛　刘悦　鹿炜翀　罗炜　罗晓辉　吕蕊　马静怡　马丽
马琳　马爽　马昕弈　迈海彬　孟强　苗琪　穆清馨　明月　聂润秋　彭礼　齐硕　章舒婕　钱笑迎
乔莉锦　乔乙平　卿立波　任春香　任文秀　任玥僮　荣雨昕　邵金革　石岩　史宝霞　宋冬立　宋非易　宋学平　宋宗宇
单春宇　孙宏　孙家铭　孙乐　孙莉　孙文九　孙玉焘　唐好明　唐炜翔　田思雨　田雅俊　佟岩　王畅　王璠
王昊男　王季平　王锦　王进华　王京　王娟　王曼曼　王梦瑶　王娜　王平　王倩　王青　王彤　王伟
王晓玲　王欣　王鑫　王雪　王雪涵　王雅仙　王燕青　王瑛　王悦　王颖　王紫茜　魏颖　吴丽娟　吴丽丽
吴锐　吴晓燕　吴媛媛　伍凤玲　相雨杭　肖陈萍　谢冬梅　邢宇晴　徐光　徐宏宇　徐奇　徐莹　徐颖　许鹤　许静
许欣宇　薛海英　隗佳硕　闫丽娟　闫莉　闫若梅　杨帆　杨靖一　杨坤　杨炎　姚跃冬　尹芳　尹毓欣
于慧妍　于洋　于颖　袁春梅　袁梦初　袁欣　袁昕　岳津羽　昝孟茜　臧真颖　张宸　张晨　张春杰　张海霞
张红一　张京兰　张敬红　张季昳　张兰建　张蕾　张立娟　张立梅　张路路　朱凌云　张楠　张琴　张陶　张唯
张维　张晓　张晓萌　张秀明　张续蓉　张雪玲　张雪晴　张晓倩　张雪怡　张艳年　张艳琴　张洋洋　张昱建　张煜
张震京　赵芳　赵海全　赵怀瑾　赵兰琴　赵玲　赵璐瑶　赵强　赵思格　赵艳坤　甄奕　郑蕊　郑燕　郑毅
钟诗君　钟行龙　周海红　周宏丽　周洁　周恬　周晓杰　周易　周宇琦　朱佳伟　朱琰　祝龙依梦
安明　白梓杨　蔡红芳　陈琛　陈佳欣　陈丽红　陈蕊　陈思远　陈伟　陈亚南　程静仪　崔乃芸　崔小燕　崔颖
单松艳　翟妍丽　丁冬梅　冯佳　冯明暄　高蕊　管婷文　郭雨霞　韩乐　韩云云　郝九娜　贺金枝　胡曦文　黄洁
黄卫宁　黄颖　黄紫玉　戴文川　焦阳　景欣　蒯煜　赖春蓉　李春霖　李嘉玉　李净　李培　李世彤　李彤
李翔宇　李一　李峥校　刘佳　刘莉　刘琦　刘雯　刘晓雯　刘远航　龙　娇　罗丹　楠　孟涵博　孟琦　乔静
邵金萍　施凤梅　石宝霞　史欣欣　宋延　章舒婕　唐伟　闫聪　王晨思　李欢　王　王爽　王思慧
王庭润　王雯雯　王晓玲　王雪录　隗功莲　吴文静　徐冬梅　闫其梅　杨学印　叶明莹　王牵千　殷雨晴　殷玉娇　尹力
尹思颖　尹园园　于天伊　于玥　余仁英　张敬　张黎霞　张美芳　张欣朔　张艳　张宇　张羽　张云华
张占昊　张子薇　赵春燕　赵昕格　赵玉慧　赵玉荣　周婷　周妍　庄靖雯